TOYOTA職場教戰手冊

OJT Solutions股份有限公司——著

改變職場眾生的最強工作術

トヨタ仕事の基本大全

TOYOTA追求的「工作基本原則」是什麼？

依照指示正確作業？
若無其事般地如期完成作業？
達成被指定的目標？

或許許多人腦中
都會浮現這樣的畫面。

這個誤會可大了。
TOYOTA要求的，
不是要每個員工都像
長得一樣的金太郎糖果那樣，
也不是像機器人那樣的員工。

TOYOTA公司追求的是，
發現工作上的問題、改善問題，
每天都有成長與進步。
總而言之，每一名員工
都會動腦思考，內心清楚認知
工作的意義面對自己的工作。
也因此，TOYOTA的生產
現場擁有強大的生產力。

同時，TOYOTA擁有任何人
來做都能完成工作的做事方法。
「5S」、「改善」、「解決問題八
步驟」、「落實成果的方法」……
這些，就是TOYOTA要求的
「工作基本原則」。

前言

二〇一二年起連續三年獲得全球汽車銷售量冠軍的光榮紀錄，以及連續多年光榮代表日本的企業，ＴＯＹＯＴＡ豐田汽車公司，擁有如此堅強實力的理由何在？

貫徹效率化的生產系統？

為安心．安全的品質掛保證的品牌力？

油電複合動力車、電動車等，帶領全球汽車產業的技術力？

達成全球銷售量第一的行銷力？

以上各項都可說是成就ＴＯＹＯＴＡ快速進攻的原動力。

不過，支援這些行動的，是在生產現場辛勤工作的員工。

如同「生產物品就是培育人才」這句話所說的，ＴＯＹＯＴＡ長年以來一直把重心放在培育人才上面。

當然，這裡所說的「培育人才」並非培養完美完成被指派工作的人才。不是培養「因被迫」而工作的人才，而是培養自己動腦思考、清楚認知工作意義而投入工作的人才，或許也可以稱為「自律的人才」。

正因如此，在TOYOTA裡，從進入公司第一年開始，就會被徹底灌輸工作哲學與工作方法，就連堪稱TOYOTA代名詞的「5S」、「改善」、「解決問題八步驟」等方法也不例外。

TOYOTA的工作哲學與方法不是紙上談兵，也非天馬行空的理想論調，而是長久以來，從主管到部下、從前輩到後輩，在生產現場的實踐中所傳承的有效工作技巧。其中充滿了以自己的頭腦思考、對工作隨時抱持著問題意識而投入工作的各種祕訣。

另一方面，各位讀者所處的工作環境又是如何呢？

由於經濟、企業的全球化趨勢，日本企業也開始展開重視速度的事業項目。在這樣的情況下，很容易把獲得成果列為優先目標，以至於把培育人才的工作放在次要順位。

現實的情況是，像以前那樣密集舉辦研習課程，或是主管、前輩仔細地透過ＯＪＴ（On the Job Training）指導工作等，已經越來越難做到了。就算是新進員工，也不要指望公司會為你做好任何準備，如果自己不積極採取行動、學習成長，在職場上就跟不上別人的腳步。

本書將介紹新進員工想盡快獨立作業就該具有的思考方式，以及工作上應學習的各項技巧。

當然，這些技巧都是以一輩子能夠運用的工作原理・原則為核心，所以不僅是新進員工，即使是中高階主管，也能夠重新檢視自己的工作態度。從這層意義來看的話，本書具有很大的參考價值。另外，對於居於教導部下或後輩的立場的主管們而言，我們也很有信心本書將足以用來作為培育人才的教科書。

透過「一輩子使用的工作基本原則」，無論新人或是老手，從今天起都能改頭換面。

本書由七章構成。

第一章　TOYOTA重視的「工作哲學」。我們將在本章介紹ＴＯＹＯＴＡ公司裡，從主管到部下、從前輩到後輩所傳承的公司風氣或是投入工作時的原理・原則中最關鍵的部分。

第二章　TOYOTA工作基本中的基本「5S」。本章將特別聚焦在生產現場中，每天視為當然地實踐的「整理・整頓」（＝收拾）。透過整理・整頓，不只是生產現場，連辦公室工作的生產效率也會提高。

第三章　所有工作的基礎，TOYOTA的「改善力」。本章將說明TOYOTA強大實力的源頭──「改善」技巧的重點。運用智慧消除工作上的浪費，也不再重複失敗，藉此提高工作速度並獲得成果。

第四章　任何環境都能克服的TOYOTA「解決問題力」。本章將詳述TOYOTA獨有的方法，「解決問題八步驟」的精華。自己設定問題、解決問題，藉此培養革新所需要的「思考力」。

第五章　就算只有一名部下也要發揮的TOYOTA「主管力」。本章將闡明TOYOTA的主管如何指導部下或組織。透過本章將學習如何培育自律思考、自主行動的部下，亦即學習真正的領導力。

第六章　生產效能加倍的ＴＯＹＯＴＡ「溝通力」。本章將說明ＴＯＹＯＴＡ的團隊工作，也將介紹許多任何工作都需要的人際關係建構方法與溝通技巧。

第七章　立即獲得成果的ＴＯＹＯＴＡ「執行力」，本章將說明大家都想學會的「執行力」。在ＴＯＹＯＴＡ裡，每位員工都針對目標做出成果，並把這樣的執行力作為公司整體的成果徹底落實。在本章將可清楚看到ＴＯＹＯＴＡ執行力的一部分。

本書的內容主要是根據一九六〇年代前期到二〇一〇年代前期任職於ＴＯＹＯＴＡ公司，而後轉任OJT Solutions 股份有限公司（愛知縣名古屋市）的指導師們所提供的真實經驗與事件，擷取其中精華部分撰寫而成，希望非ＴＯＹＯＴＡ公司的商界人士也都能靈活運用這些寶貴的經驗。

或許有些人會認為，「因為是ＴＯＹＯＴＡ所以才辦得到」、「我們公司是服務業，所以工廠的知識技巧對我沒有幫助」。

但是，「ＴＯＹＯＴＡ工作基本原則」裡的思考方法或工作方式不是只適用於ＴＯＹＯＴＡ公司而已，在任何行業、任何公司工作的人都能運用。本書濃縮了工作的原理・原則，無論是在工廠或是在辦公室，只要是上班族都應該學會這些基本技巧。

事實上，TOYOTA出身的OJT Solutions指導師們所指導的公司不僅限於日本國內的製造業，也包含零售業、建築業、金融・保險業、批發業、服務業（醫療機構、社會福利機構、飯店等），甚至是地方政府、國外的製造業等等，範圍遍及各地區、各業種、各職類，獲得相當成功的成果。

這是因為，對於有能力、也樂於透過工作成長的人而言，這些內容都是不變的基本原則。

OJT Solutions 股份有限公司

目次

前言……008
本書中出現的TOYOTA詞彙解說……024

CHAPTER 1

工作哲學

TOYOTA重視的「工作哲學」

01 每位員工都成為「領導者」……028
02 以「兩個層級以上的視角」看待事物……032
03 想想「誰付你薪水」……036
04 要「工作」而非「動作」……040
05 成為「能夠做許多橫向領域工作的人」……044
06 透過「工程」保障品質……048

CHAPTER

2

5S

TOYOTA工作基本中的基本「5S」

07 不要問「人」，要問「物」…… 052
08 「沒有問題」是最大的問題…… 056
09 改善・解決問題永無止境…… 060
10 別苛責人，要檢討制度…… 064
11 應該「便宜做」，而非「便宜買」…… 067
12 把浪費變成珍寶…… 072
13 整理・整頓就是工作的一部分…… 076
14 「整潔」不是目標…… 080
15 十秒內取出文件…… 082

16 制訂「丟棄的標準」……084
17 把「總有一天」改為「什麼時候」……087
18 縮短「什麼時候」的期限……090
19 收拾無豁免「聖地」……093
20 先進先出法……096
21 決定「固定位置」讓別人也找得到……100
22 決定物品的「地址」……104
23 製作「工具形狀圖」……108
24 依照使用頻率決定放置位置……112
25 畫一條線……117
26 清掃也列入日常工作中……121
27 清掃工具要「可視化」……125
28 清掃是發現問題的好時機……128

CHAPTER

3

改善力

所有工作的基礎，TOYOTA的「改善力」

29 工作＝作業＋改善……132
30 「工作現場」充滿了改善的題材……136
31 區分「作業」與「浪費」……139
32 找出七種「浪費」……143
33 「分割」工作再篩選出改善點……147
34 為了「變得輕鬆」而改善……151
35 學會「偷懶」……155
36 畫一個圓站在其中……157
37 注意有「髒汙」的地方……160

CHAPTER

4

解決問題力

任何環境都能克服的TOYOTA「解決問題力」

38 忙碌的人就是有問題的人……162
39 把自己的工作「具象化」……164
40 不隱藏「小危機」……167
41 決定「標準」……170
42 探究「真正原因」……175
43 「事前準備」更勝「事後諸葛」……179
44 了解「理想樣貌」與「現狀」之間的差距……184
45 問題分成「發生型」與「設定型」兩種……188
46 利用「願景指向型問題」發起改革……193

47 依循八個步驟解決大問題……197
48 不要以「既成問題・對策」面對問題……200
48 以「數字」選擇要解決的問題……203
50 發現問題的八個觀點……206
51 以三個視角評估問題……210
52 以「現地・現物」鎖定問題……214
53 處理問題時不能太貪心……218
54 重複五次「為什麼」……222
55 在自己的責任範圍內解決「真因」……226
56 不要憑「感覺」找問題……228
57 透過十個視角找出問題的解決對策……231
58 立即執行對策……235

CHAPTER

5

主管力

就算只有一名部下也要發揮的TOYOTA「主管力」

59 建立自己的「分身」……240
60 累積「聲望」工作……244
61 教導「看待事物的方法」……247
62 不要一開始就給「答案」……251
63 讓部下感到傷腦筋……255
64 主管要擁有「讓部下做的勇氣」……258
65 給部下「智慧」而非「知識」……262
66 做給對方看，讓對方做做看，並且追蹤……264
67 「讓部下了解」而非「說服部下」……267
68 主管從「觀察」培育部下……270

CHAPTER

6

溝通力

生產效能加倍的TOYOTA「溝通力」

69 讓部下看到工作的「整體樣貌」……273
70 把第一名丟出去……276
71 領導者要從外部觀察部下……278
72 建立溝通網路……284
73 建立跨部門的「平台」……288
74 以跑接力賽的方式做事……292
75 帶著掃帚巡視工作現場……296
76 以關心的態度與員工對話……300
77 做不好的人要予以讚美……303

CHAPTER

7

執行力

立即獲得成果的TOYOTA「執行力」

78 稱讚「工作態度」……306
79 資料「不是用來讀的」，是「用來看的」……309
80 「後工程」裡隱藏著好點子……312
81 賦予抵抗勢力責任……315
82 從「難搞的人」開始動手……318
83 報告時先說壞消息……321
84 不斷共享失敗案例……324
85 根據事實互吐真心話……326
86 「有錢」能使鬼推磨……329
87 把腦中的想法具象化……333

88 有「六成」把握就做了！……338
89 拙而速勝過巧而慢……341
90 以「數值」呈現目標……344
91 任何事都要決定期限……348
92 為了更接近「理想樣貌」而設定「目標」……351
93 「制動作用」……355
94 成果要「橫向展開」……359
95 橫向串聯組織……363
96 就算多個〇・五公分也要努力……366
97 不要追求「零失誤」……369
98 樂在失敗……372
結語……374

本書中出現的TOYOTA詞彙解說

【班長・組長・工長・課長】

本書中出現的TOYOTA職位制度。「班長」是從在職資歷十年左右的員工中選拔而出，擔任生產現場的主管，帶領十人以下的部下。然後從數名班長中選出「組長」，再從數名組長中選出「工長」，而工長之上則是帶領數百名部下的「課長」，以這樣的組織建立完整的職位制度。現在TOYOTA已經改變各職位的名稱，「班長」改為「TL（Team Leader）」，「組長」改為「GL（Group Leader）」，「工長」則改稱為「CL（Chief Leader）」。

【TOYOTA式生產】

TOYOTA獨特的製造技術，徹底消除浪費以降低成本，同時針對產品的製造方式、作業方式等，從各個角度追求合理性。為了更適時地提供更多人更便宜、更高品質的產品所組成的全公司的生產機制。

【自働化】

從TOYOTA集團創始人豐田佐吉時代開始便傳承至今的理念。「生產線一旦發生異常狀況，立刻停止機器及生產線的運作」，此乃TOYOTA式生產的軸心概念。停止運作生產線以追查異常發生的原因，繼而尋求改善的方法。發生異常狀況時按下警示燈號的「安燈系統」，就是根據自働化概念所衍生的警示系統。

【Just In Time】

Just In Time（即時系統）與自働化同為TOYOTA式生產的兩大支柱。從製造現場開始就要消除無謂的浪費並提升作業效率，也就是「只在需要的時候，依照需要的量，生產所需的產品」。

【改善】

TOYOTA式生產的核心。透過全體員工的共同投入，徹底消除無謂的浪費以提高生產效能。現在也有多數企業採用此概念，可謂日本製造業堅強實力的根源。

【5S】

5S是整理（Seiri）、整頓（Seiton）、清掃（Seisou）、清潔（Seiketsu）和素養（Shitsuke）等五個詞的縮寫。5S的目的不是收拾乾淨而已，而是透過5S一眼看出問題或異常狀況以便於進行改善。

【真因】

指造成問題產生的真正原因。如果針對真正原因擬定對策解決，則問題就不會再度發生。另一方面，「主因」則指光是解決這個因素，則問題會再度發生的表面因素。

【解決問題八步驟】

ＴＯＹＯＴＡ公司用來解決問題的流程。①明確問題、②掌握現狀、③設定目標、④徹底找出真正原因、⑤擬定對策計畫、⑥實施對策、⑦確認效果、⑧落實成果——若依循這八步驟，就能透過邏輯思考、分析以有效率地解決問題，而非憑感覺與經驗解決問題。

【品管圈】

「Quality Control」的簡稱，指在職場上主動集結以進行改善活動的團隊。在ＴＯＹＯＴＡ就是由四~五人組成的小組。小組成員各自擔任領導人、文書等任務，實際執行改善職場上的問題或維持最佳狀態等管理活動。

【標準】

在目前的時間點，無論成本或品質方面都做到最好的各種作業的做法與條件，也透過改善不斷進步。員工根據標準完成工作。有操作手冊、作業指導手冊、品質審核手冊、刀具更換操作手冊等等，也有彙整現場智慧的入門引導手冊。

【現地・現物】

「親眼看到的現場狀況，才是真實狀況」，這是ＴＯＹＯＴＡ重視作業現場的思考方式。應該親眼觀察現場實際發生的事情以及商品・產品等，才能對事物做出適當的判斷。

【五大任務】

①安全、②品質、③生產效能、④成本、⑤培育人才。進行工作現場管理時，ＴＯＹＯＴＡ的管理監督者應該貫徹的五項基本工作。

【制動作用】

問題暫時解決不代表結束，要把解決問題的對策標準化並且落實管理。

【橫展】

「橫向展開」的簡稱，是ＴＯＹＯＴＡ式生產的用語，指將某條生產線或作業現場的成功經驗，橫向分享給其他類似的生產線或作業現場。

【非正式活動】

相對於以職場為主的縱向關係，非正式活動指與其他部門、其他工廠的員工互相交流、互相琢磨的活動，透過娛樂等活動加強橫向連結並達到溝通目的。有依照職位組成的團隊（班長會、組長會、工長會），或是依照進入公司的職務型態而組成的團隊。

【具象化】

透過組織內部共享資訊，有助於早期發現・有效率・改善工作現場的問題。具象化的方式很多，例如將資訊化為圖、表即為其一。

CHAPTER

1

工作哲學

TOYOTA
重視的
「工作哲學」

「大量運用創意與功夫。」

——豐田自動織布機發明人・豐田佐吉

LECTURE

01

每位員工都成為「領導者」

這世上有的企業經營者擁有被譽為「大師」的非凡領導能力。

例如微軟公司的比爾．蓋茲、蘋果電腦的史提夫．賈伯斯、以及日本軟體銀行（SoftBank）的孫正義等人即為代表性人物。

那麼，TOYOTA公司的大師是誰呢？

如果不是TOYOTA公司的相關人員，可能舉不出「就是他」的具體人物吧。

沒錯，TOYOTA公司裡並不存在著世間所謂的大師級人物。

這樣的背景來自於TOYOTA不把員工視為「成本」（人事費．費用），而把員工視為「人財」。

一九六〇年代的TOYOTA只不過是一個地方上的中小企業。為了大量生產，從日本各地招募許多國、高中畢業的年輕人。

招募了父母心肝寶貝的ＴＯＹＯＴＡ經營陣營，無論發生什麼事都不能讓員工流落街頭。

因此，把員工視為「家人」，不短視近利，以「長遠的眼光培育人才」的公司文化便由此而生。

ＴＯＹＯＴＡ這種把員工視為「人財」的思考原點中，存在著這樣的「大家庭主義」。

在這種公司文化的基礎上，社長與工作現場員工的職位差別就只在於「任務分擔」的不同而已。

主要角色始終都是工作現場的每一位員工。社長要做的是貫徹任務，建立一個能讓員工好做事、發揮能力的工作環境。

長年任職於ＴＯＹＯＴＡ人事・管理部門的海稻良光（OJT Solutions執行董事）說：「ＴＯＹＯＴＡ裡沒有稱為大師的經營者，不過在工作現場中，產生了許多堪稱大師的重要人才。」

「ＴＯＹＯＴＡ的工作現場有『班長』、『組長』、『工長』等領導者，他們是團隊的核心，帶領組織前進。硬要說的話，ＴＯＹＯＴＡ就是每個人都會成為大師的公司。像這樣能持續不斷地培育人才，就是因為公司擁有『以長遠的眼光培育人才』的文化之故。」

∨每個人都以領導者的自覺面對工作

這些現場員工們工作所憑藉的基礎，就是有效率製造高附加價值產品的機制，具體來說就是「５Ｓ」、「改善」、「解決問題」等方法。

ＴＯＹＯＴＡ的員工們透過現場的工作確實學習這些方法，提高工作的附加價值，然後，再以領導者的身分將這些知識與經驗傳承給下一個世代。像這樣，在ＴＯＹＯＴＡ裡，培育現場領導者的各種方法不斷地被確定下來。

這樣的一連串過程促使員工本身的成長，同時也帶來公司的成長。

「我還是基層人員。」

「聽主管指示做事比較輕鬆。」

你是否會這麼說呢？

以被動的態度工作無法做出高附加價值的工作。

就算沒有管理職的職稱，只要有一個部下或後輩，你就必須發揮領導力，而且無論被指派任何大小專案，都應該是稱職的領導者。至少要在自己負責的工作範圍內扛起責任，從這層意義來說，任何人都必須成為領導者才行。

首先抱持著「自己是領導者」的自覺來面對工作是非常重要的。

LECTURE

02

以「兩個層級以上的視角」看待事物

在TOYOTA公司裡，經常聽到「以兩個層級以上的視角觀看」這句話。

例如，假設你是班長，你就要以高兩個層級的工長，而非以高一個層級的組長的視角來看待事物；若你是組長，就要以高兩個層級的課長，而非以高一個層級的工長的視角來看待事物。總之，這句話就是強調員工要經常站在較高的立場看待事物的重要性。

OJT Solutions執行董事海稻良光說他也經常被主管叮嚀這句話。

任職於人事．管理部門的海稻在二十多歲後期時，主管對他說：「你要以自己是人事課長的立場做事」，海稻聽到這話感到非常訝異。

例如，處理公司內部的人事異動時。

如果你只是官樣地發布人事異動命令給某課的課長：「我要把你課裡的A調到別的課」，該課長一定無法接受，若A是優秀人才則反彈更大。

就算自己是一般職員，如果這種時候不站在「人事課長的立場」，就無法讓對方理解這次異動的用意。

所以這時必須站在人事課長的立場，以中長期的觀點來說服對方課長，例如：「這個單位將來應該如何發展」、「身為幹部儲備人員的A，應該如何培育」等等。

「以兩個層級以上的視角看待事物」，這樣的觀念在改善工作方面也很有幫助。

一旦以同等立場的視角思考，就只會在現狀的延伸狀況上進行改善。思考到最後就會覺得「已經沒什麼好改善了吧」。

然而，如果站在兩個層級以上的立場，完全改變以往的視角，就會產生截然不同的嶄新想法。

舉例來說，試著思考三～五年後的目標是「生產效能提高兩倍」、「不良率降到零」、讓機器設定的作業時間減半，或者嘗試站在較高的視角思考改善提案的話，則作業會意外地順利進行。

如果你是一般職員，試著以兩層級以上的課長視角看待工作；如果你是主任，則以部長的視角工作。注意著「主管的主管」的立場，就能理解為什麼主管會交辦那件工作，主管對於問題的認知為何等。「如果是課長的話，要怎麼辦？」「部長有什麼煩惱？」如果平常腦中就意識著這些，就能完成讓他人對你另眼看待的工作。

不只是公司內部，面對客戶時也一樣，是否站在比自己立場更高的視角看待事情，也會大大地影響工作成果。

主管經常說，「要站在客戶的立場思考」，某種意義來說是對的，不過光是這麼做仍嫌不足。

如果只是以跟客戶一樣的視角看事情，無法完全滿足客戶的需求，一邊以「高於客戶兩個層級的視角」看待事物，一邊以「跟客戶相同視角」對話，兩個層級以上的視角與相同視角——唯有具備這兩種視角，才能夠提供足以滿足客戶的商品．服務。

以兩個層級以上的視角觀看

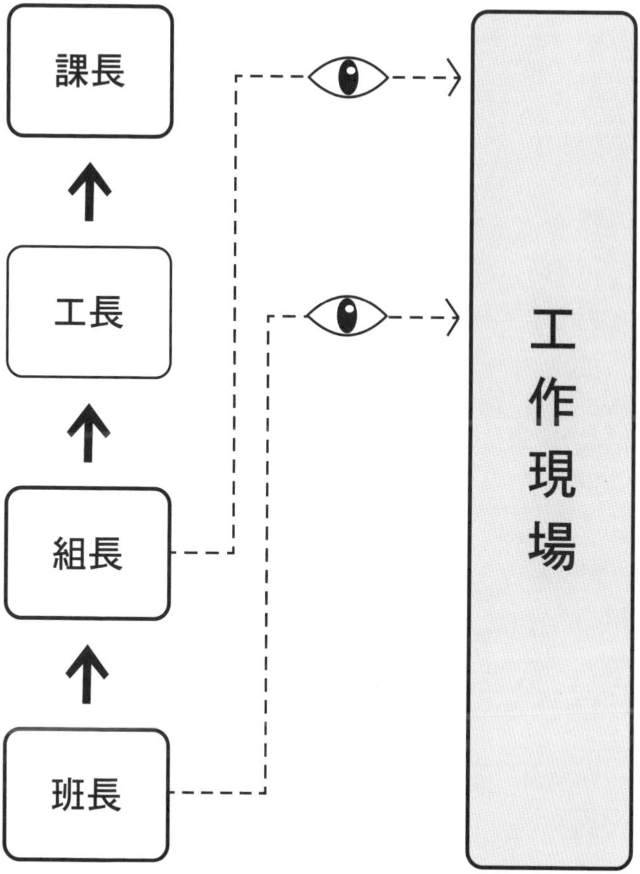

班長以工長的視角、
組長以課長的視角觀看

LECTURE

03

想想「誰付你薪水」

你的薪水是誰給的？

主管嗎？
社長嗎？
公司嗎？

以上皆非。

指導師堤喜代志年輕時也曾經被主管問過：「你知道是誰付你薪水的嗎？」堤回答：「是課長。不，是公司。」結果主管對他說了以下這段話。

「不對喔，是客戶。因為客戶跟我們買車，所以我們公司才有錢製造下一輛車再賣給其他客戶。你的薪水是客戶給的喔。」

如果是為了公司而製造好產品，公司或許會高興，不過事實並非如此。我們是為了讓客戶開心而製造產品的。堤學會了這個道理。

堤以指導師身分指導企業時，也會問該公司的員工：「是誰付你薪水的？」結果，就如堤以前回答的那樣，「是部長」、「是公司」，各種答案都有。因此，堤告訴這些員工們：「我年輕時也是這麼認為。不過，這些答案都不對，薪水是客戶付給你的。」聽了堤的說明，員工們對於工作的投入與想法也都有所改變。

∨薪水是客戶給的

TOYOTA公司裡有一個「工作的五大任務」，堤在指導企業時也經常針對此五大任務進行說明。

所謂五大任務可說是TOYOTA的管理監督者應該徹底做到的工作基本原則。

❶安全（建立安全好做事的職場環境）

❷品質（杜絕不良品）

❸生產效能（在短時間之內，如期交出必要的數量）

❹成本（盡量便宜生產）

❺培育人才（培育優秀人才且適才適所）

說明五大任務時，堤一樣從「是誰付你薪水？」的問題出發，這麼一來，指導對象們就會更深刻理解五大任務，而不是只明白表面的解釋。

舉例來說，在製造零食的廠商裡提到「❶安全」時，這句話就會變成「薪水是顧客給的，所以不能做出會損害顧客健康的產品。安全第一是最重要的考量。」

提到「❷品質」時，就是「薪水是顧客給的。所以不能做出顧客覺得糟糕的產品，品質很重要。」

講到「❸生產效能」時，就是「薪水是顧客給的，所以當顧客想買時，不能做不出產品，能因應顧客需求的生產系統很重要。」

「薪水是客戶給的。」

這句話可套用在任何工作上。

如果遵守這個工作原理・原則，工作就不會偷工減料，自己也會產生「多多提供客戶喜歡的商品・服務」的念頭。

請靜下心來仔細思考，該怎麼做，你的客戶才會滿心歡喜地掏錢購買。

LECTURE

04

要「工作」而非「動作」

這是OJT Solutions執行董事海稻良光參觀某汽車零件製造工廠時發生的事。

現場的管理員為海稻良光導覽工廠內部，發現倉庫的庫存堆積如山，走道蜿蜒狹窄。在倉庫中，有一名作業員以精湛的手法靈巧地操作堆高機。

擔任導覽的現場管理員一邊指著該作業員，一邊自豪地對海稻說：

「他很厲害吧，就算來到角落也不用減速，一下子就轉彎了。」

海稻聽了這話大感驚訝。巧妙地操作堆高機確實厲害，不過，若要說這項作業的工作內容，也只是把東西從右邊移到左邊而已。

該項作業本身沒有產生任何附加價值，對於這樣的作業，客戶不可能付錢購買。

建立TOYOTA式生產基礎的TOYOTA前副社長大野耐一曾說過這麼一句話。

「雖然有動作，卻沒在工作。」

做一項沒什麼價值的作業，嘴上卻說「好忙、好忙」的人經常可見。只是一個單純的「動作」而已，就算看起來身體在動，好像很忙，但如果這個動作不具有會產生價值的生產效能的話，便稱不上是工作。

只是做做動作很容易讓人以為「正在工作」，但這樣是不對的。重要的是，你應該稍微停一下正在進行的動作，重新問自己「這個動作是否浪費？」「這個動作是否會產生附加價值？」

＞對自己而言，會產生價值的工作是什麼？

假設你是家電製造商的員工，被派駐到家電量販店擔任業務員。

首先，你前往賣場，檢查自家商品的銷售狀況，接著到賣場內的倉庫或休息室拿架上不足的貨品，再走回賣場把貨品擺到架上。這就是你每天的工作內容。

然而，從貨架走到倉庫一趟就需要花六分鐘的時間，往返一次就必須花掉十二分鐘。這樣做非常沒效率。

對於業務員而言，最重要的工作是什麼？

沒錯，就是確認賣場負責員工的時間、並與負責員工討論。請對方盡量把自己公司的商品放在較好的位置，或提供對方新商品的資訊以獲得更多訂單，這樣才能提高銷售量。

花六分鐘走到倉庫拿商品，這是不會產生價值的浪費。把這段時間用來洽談，對銷售量還比較有幫助。

舉例來說，當你要去賣場之前，就要事先從倉庫挑選商品，貨架上只補充必要的商品。這樣就無需浪費時間往返於賣場與倉庫之間。

如果看起來忙碌且不停地動作，自己或身邊的人都會覺得自己在工作。不過，如果這是不會產生價值的無效率動作，就只不過是「雖然有動作卻沒在工作」的狀態。

「對於自己而言，最重要的工作是什麼？」

「做什麼會產生價值？」

在各種工作上如此自問自答。透過這樣的做法，你的工作就會產生好幾倍的成果。

LECTURE

05

成為「能夠做許多橫向領域工作的人」

TOYOTA公司有「多能工」與「多台操作」兩種思考方式。

所謂「多能工」就是能操作多種機器的作業員，萬一需要的時候，就能執行自己負責範圍以外的作業。

另一方面，「多台操作」指的是可同時操作數台同種類的機器。

在TOYOTA裡，能夠做不同種類工作的多能工更受到尊重。

這樣的風氣可回溯到被稱為TOYOTA式生產之祖的大野耐一時代。

一九四〇年代，大野初來到TOYOTA汽車時，作業員如果負責操作車床的就只操作車床，負責操作鑽床的就只操作鑽床，每個作業員都只操作自己負責的機器。雖然每個作業員都能仔細處理與自己相關的部分，但卻完全不參與操作別的機器。

因此，大野開始思考，「如果作業員接觸的領域更廣泛，結果會如何呢？」

曾經在大野底下工作的某位指導師在熱處理班中管理熱爐，他說這個工作並不是一直處於工作狀態。當熱爐進行一般運作時，他們就有空了，所以熱處理班的作業員們就會前去幫忙其他人手不足的團隊。

如此一來，工作現場的作業員們就自然地、自發性地成為多能工。

如果現場有許多這種擁有自己的專業，同時也能處理其他領域工作的多能工，就能配合生產的變動，把作業員調派到忙碌的生產線上，另外也能夠自由安排作業員。以結果來說，工作現場增加調度的彈性，公司的實力也變得更強大。

以專業領域為主軸，又擁有廣泛技術的多能工，這種概念也可以說是「T型人才」。TOYOTA的目標是培育同時擁有業務等廣泛範圍的知識（T的橫線部分），以及某一領域的專業知識（T的直線部分）。

著重於某特定領域的「I型人才」（專家）當然很重要，不過，在全球競爭激烈的商業社會中，更需要擁有廣泛知識，同時積極與其他領域的人們合作以實現創意的人才。

V 一邊深研專業領域，一邊學習專業領域外的知識

「能夠做許多橫向領域的工作（成為T型人才）不只是為了公司，也是為了自己」，指導師高木新治如是說。

「公司裡面也有只有特定人士才能做的專業性工作。當然，那也是那人所擁有的強項，不過一旦變成『只有那個人才會做』，當事人就會越來越不在乎別人，態度變得傲慢，周遭的氣氛也越來越差。這樣人也就停止成長了。

我以前曾經在焊接的生產現場工作。對於焊接技術熟練的部下，我會故意安排他暫時去焊接以外的工作現場，學習加工等其他技術。學習陌生的事物不僅會使人謙卑，也會擁有前後工程和廣泛的業務知識，因此，對於焊接工作的處理方式也會改

變。以結果來說，能夠以更寬廣的視野做出更好的工作成果。」

能夠做許多橫向領域的工作，這也是身為一個上班族的生存技巧。

依著公司或經濟狀況，有時候必須做適當的人員調整。這時，若能作為一個可做許多橫向領域工作的人，成為一個這也能做、那也擅長的多能工，就容易在職場上存活。

另外，從寬廣的知識與視角來看，能提供包含其他部門的想法並且率先執行的人才，也會受到公司重用。

深入研究比他人更卓越的專門領域很重要，不過，也要多加涉獵橫跨公司部門的知識或是業界相關的廣泛知識。例如，縱使你在研發部門進行專業研究，也要同時掌握業務的工作或業界的發展趨勢。

未來在商業社會上生存，這樣的用心是非常重要的。

LECTURE 06

透過「工程」保障品質

TOYOTA公司裡有一種「品質要透過工程打造」的思惟。

指導師近藤刀一說明：「這種思惟也可以說是『自工程完結』，指在自己負責的工程中一定要做到保證品質，總之就是自己的工程不會流出不良品。」

自工程完結是實現TOYOTA式生產的兩大支柱：「Just in Time」與「自働化」時必須具備的概念。如果生產出來的產品不良率過高，就不是有效率的生產系統。

在生產工程中，作業員要抱持著責任感確認品質，只有良品才會往後工程送。透過這樣的製造品質支援TOYOTA的生產系統。

舉例來說，在塗裝線上，如果產品出現斑駁或未塗色的部分，就必須在出廠前重新塗裝。這麼一來，當然就必須額外花費塗裝費或風乾的電費，也多花了時間與人力。

然而，如果自己在塗裝工程中做到堪稱零失誤的地步，也檢查完全後才交給後工程，就不會有浪費產生，產品出廠前的檢查工程也就沒有必要了。

檢查的工作本身不會產生價值。無論對完成的產品做多少的好壞檢查或是高精確度的判定，都不會改善產品的品質。但如果自工程完結能夠徹底到足以省去檢查工程，產品品質當然就會提高。

TOYOTA公司裡流傳著「前工程是神明，後工程是顧客」這句話。

任何工作都有為自己的工作做準備的前工程，也有接續自己工作的後工程。

如果不良品流向後工程，後工程當然就會跟著發生問題，生產線也會因此而停止運作。

如果交付的工作讓後工程不好處理，不僅會給許多人添麻煩，最後還會害到自己。

如果漫不經心地進行作業，結果就會錯誤百出，造成後工程的困擾。相對的，如果腦中意識著自工程完結，內心就會產生責任感，「這輛車的這個部分是我做的」，錯誤也會跟著減少。

這個概念也一樣能套用在辦公室的工作上。

例如，被主管指派製作估價單，如果金額計算錯誤，主管就必須重算一次。假如主管也沒有發現計算有誤，日後就會成為與客戶之間的紛爭，進而造成難以收拾的後果。

「就算有錯，也會有人幫我處理吧」，這種想法就太天真了。

自己的工作品質要在自己的工程範圍內做到最好。就算是一頁的文件也要在交出去之前校對完畢或驗算金額，確認是否正確完成。每一個仔細的步驟都將提高你工作的信賴度。

每個人都是生產負責人，也是檢查負責人

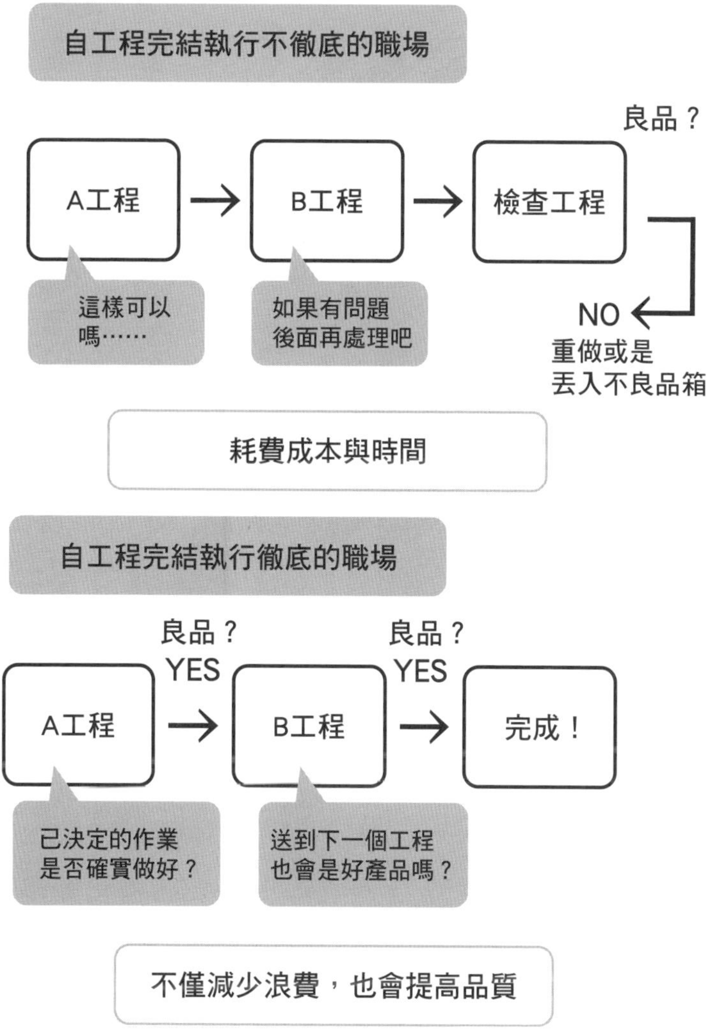
自工程完結執行不徹底的職場
A工程
B工程
檢查工程
良品？
這樣可以
嗎……
如果有問題
後面再處理吧
NO
重做或是
丟入不良品箱
耗費成本與時間
自工程完結執行徹底的職場
良品？
YES
良品？
YES
A工程
B工程
完成！
已決定的作業
是否確實做好？
送到下一個工程
也會是好產品嗎？
不僅減少浪費，也會提高品質

LECTURE

07

不要問「人」，要問「物」

TOYOTA的生產現場最常被叮嚀的一句話就是：「不要問人，要問物。」「人」，指「現場員工」，「物」指「生產現場」或「商品．製品」。

某位指導師在TOYOTA時代曾有過這樣的經驗。

當機器發生問題時，當時身為現場管理監督者的這位指導師，在聽了作業員的報告後，把聽到的內容原封不動地轉述給直屬主管。

主管聽完之後問：「真的是這樣嗎？」然後前往現場查看。結果一回來就指責他：「你說的跟現場的實際狀況完全不一樣啊！」

聽到這話，這位指導師完全無法反駁。

從現場員工口中聽來的與現場實際發生的狀況有出入，這種事經常發生。因此，

TOYOTA的管理監督者很重視實際前往現場查看以掌握現場發生的狀況，而不會完全依賴部下傳來的報告。

相信他人說的話很重要。

不過，遇到失敗時，人就是會發揮自我防衛的本能，不會百分之百誠實地向主管報告。因此，身為管理監督者就要自己移駕前往現場查看。

「不要問人，要問物」這句話，就是根據TOYOTA重視「現地・現物」的概念所產生的。

意思就是，要看到現場實際發生的狀況、親眼看到商品・製品之後，再來做適當的判斷。

因此，在TOYOTA公司裡，向主管報告時一定要先親眼確認，否則就會被主管看穿。主管看報告書、聽取報告時，會反覆地詢問：「真的嗎？真的是這樣嗎？」或是尖銳地質問：「你是看到什麼而這樣說的？」

如果沒有查看現地・現物就往上呈報，對於主管的主張、意見或提問的回答就會含糊不清。另一方面，親自到現場的人會看到真實情況，所以會有自信地回話，也能同時用身體語言堂堂地表達自己的想法，絕對不會以自己的臆測發言，這樣也會增加自己的說服力。

∨沒有查看「現地．現物」，判斷就會錯誤

「現地．現物」的思維方式也適用於各種工作。

舉例來說，某食品廠商的A調味料銷售量遠遠不及競爭廠商的B調味料。研發部對於A調味料的原料非常講究，也有自信A調味料的品質、味道等都勝過B調味料，因此對於銷售量大幅落後感到極為驚訝。

業務部認為，「A的價格比B高是銷售陷入苦戰的原因，價格應該再調降。」研發部的人員無法認同這種說法，於是實際前往商品上架的超市查看，結果發現一個事實。

目前A調味料主要鋪貨在以超低價為行銷策略的大眾化超市裡，而A調味料原來

設定的高消費客群常去的高級超市或百貨公司裡則幾乎沒有上架。

詢問超低價超市的店員，對方也說：「我們店裡便宜的商品賣得很好喔。」

總之，問題不見得是價格太高的緣故，可能是沒有吸引到目標客群的目光之故。

職場上經常會以「主管這麼說」、「數據是這樣顯示的」為判斷依據。雖然不是說完全不能參考，不過如果不去查看現場狀況，判斷就可能失準。

重要的是，要堅信在現場親眼看到的狀況才是真正的事實。

LECTURE

08

「沒有問題」是最大的問題

TOYOTA式生產的核心概念有「改善」與「解決問題」（將分別於第三章、第四章詳細說明）。

TOYOTA公司成立後不久，就開始實施改善與解決問題策略，至今這兩項觀念都已臻成熟，並獲得國內外各企業爭相仿效。若說改善與解決問題是支持TOYOTA文化的兩大概念並不為過。

在TOYOTA公司裡，察覺問題，然後改善該問題，都被定位為員工的基本技能。

「不傷腦筋的人，最讓人傷腦筋。」

這句話來自TOYOTA的前副社長，被稱為改善之鬼才的大野耐一，換句話說就是「沒有問題就是最大的問題」。

也可以說，不斷發現問題、改善問題的這個觀念已經被植入培育員工、強化公司的政策當中。

不過，多數公司都是「明明有問題，卻不當一回事」，並把問題擱置不理。指導師大鹿辰己說：「對指導企業做的第一件工作就是，教他們認清楚問題就是問題。」

舉例來說，某指導對象沒有達成業績目標。當大鹿詢問：「你是否掌握業務員的行動？」經理胸有成竹地回答：「業務員每天都會寫工作日誌，沒問題的。」

但是，大鹿再深入追問，才發現其實有一部分的員工並沒有寫工作日誌。如果沒有透過工作日誌共享資訊就會發生問題，即便如此還是有人不肯寫。其實這就是不把問題視為問題所造成的後果。

這家公司就是糾結著許多這種未被察覺到的問題，以至於無法達到業績目標。

＞把「能否再……？」這句話當成口頭禪

製造現場中，如果有不合適或錯誤的情況發生，現物（不良品）就會出現在眼前。所以，也可以說在製造現場比較容易發現問題。

不過，如果是辦公室工作或業務工作，問題就不會那麼清楚地發生在眼前。

例如，在業務．服務等工作現場，如果沒有發生客訴或銷售量減少等明確的現象，就不容易察覺問題，因為大多數的顧客會直接離開現場，不會明確地表達內心的不滿。另外，事務性工作的生產效能或效率也難以透過數字呈現。

在這種職場工作的人更必須具備「能夠確實掌握問題」的工作技能。

如果長久以來都是以相同做法處理同一件工作，就算有問題發生也會視為理所當然。正因如此，TOYOTA訓練員工要抱持「任何工作都有問題」的態度面對工作。

任何工作都一定潛藏著或大或小的問題。

「今天的做法是最佳方法嗎？」——像這樣經常存疑就是認識問題的第一步。

「能否更省力？」
「能否再少點零件？」
「能否再少花點錢？」
「能否再減少一些浪費？」

就像這樣，工作時把「能否再……？」這句話當成口頭禪掛在嘴上，就容易發現問題了。

LECTURE
09

改善・解決問題永無止境

「改善永無止境」這句話一直在TOYOTA內部流傳著，因為工作不會有「改善結束」的一天，永遠都有應該改善的問題產生。

以安裝汽車尾燈（位於車後方的燈）的工程來說，如果時代改變，汽車造型也會改變，尾燈的大小或形狀當然也得跟著修改。近年來，尾燈已經改用LED燈，所以生產方式也會變得不一樣吧。

所以，改善是永遠不會結束的。

這個觀念套用在辦公室的工作也是一樣。

一樣是業務工作，當顧客改變，工作也跟著改變；主管與部下改變，工作也變得不一樣；或是依著銷售的商品不同，改善的重點也會不一樣吧。

重要的是，無論面對何種工作，每天都要持續改善。

在TOYOTA公司裡，就算成功完成某項改善或解決問題，也不會認為所有的問題都解決了，因為這是新的改善或解決問題的起點。

總之，TOYOTA所謂的改善．解決問題，就是不斷朝著更高的目標前進，提升工作品質的水準。

∨朝向「理想樣貌」持續改善

TOYOTA把「現狀」與「理想樣貌」之間的差距定義為「問題」。

改善與解決問題的同時，也朝向新的「理想樣貌」更進一步地持續改善，這樣的做法會提升工作品質與組織能力，因為改善．解決問題沒有結束的一天。

這個觀念也套用在所有的工作上。

假設現在有個「開會時間總是拖很久」的問題。

因此，規定要堅守會議的結束時間，當時間到了，就要強制結束會議。

雖然這個方法解決了「開會時間總是拖很久」的問題，會議確實在時間內結束，不過討論內容卻脫軌，或是還未得出結論就結束會議等，又產生新的問題。

於是，針對新的「理想樣貌」，又重新開始進行改善．解決問題。

最後決定採取「事先發送會議的議程（議題），會議室的白板上也事先寫上會議的議程」等某些改善策略後，在時間之內便討論出結果了。

當然，這樣還不算結束。接下來還要設定「理想樣貌」，提高會議的生產效能。像這樣重複運作，工作品質就會變得越來越好。

改善永無止境

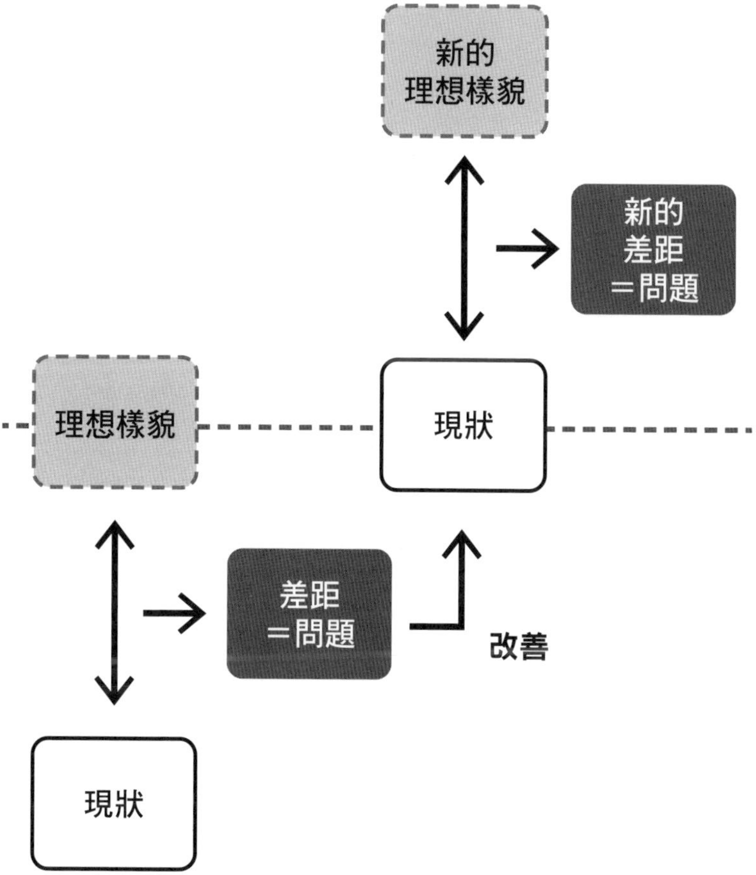

LECTURE

10

別苛責人，要檢討制度

假設你的孩子為了拿取放在碗櫃裡的杯子，結果不小心把杯子打破了。這時，你會怎麼做呢？

會罵孩子「小心點」嗎？

罵人不難，不過如果你只是罵人，孩子有可能會再度打破杯子，也可能再度因打破杯子而受傷。

如果考量孩子的安全，你應該還有其他事情可做。

例如不要把杯子放在孩子的手搆得到的地方。

或者把孩子用的玻璃杯改成塑膠杯。

這麼一來，同樣的錯誤就不會再度發生。

TOYOTA有一句話，「別苛責人，要檢討制度」。

就算員工做事失敗，也不要攻擊個人，而是要思考制度是否有缺失。

指導師山田伸一說：「TOYOTA公司裡有那種就算你犯了大錯也不會罵人的主管。」

這是當時山田搞錯尺寸，把大量的錯誤零件流向後工程所發生的事。當然，後工程發出警告：「不良品，快停止生產線。」

如果是一般情況，主管一定會大聲喝斥：「山田！你搞什麼！好好做啦！」不過，那時候主管並沒有責備山田。

「出現大量不良品是搞錯尺寸的緣故，一定要確實盯著這個點才行。」

就像這樣，主管仔細說明避免發生錯誤的方法。

就算顯然是作業員個人的錯也一樣，TOYOTA的主管不會責備個人。

主管會說：「是我沒有徹底教好部下才會出現不良品。」總之，主管的認知是，自己的教法不對才使得部下做出不良品。

山田自己升上主管後也有這樣的認知：「發生不良品或失誤時，責任在（身為主管的）自己身上，而不是部下身上。」

「別苛責人，要檢討制度」。特別對於領導者而言，這是很重要的心態，也是能應用在各行業的上班族之思考方式。

例如，當你製作的文件裡出現許多錯誤時，通常主管都是要你「下次再注意一點」。

不過，如果把焦點放在制度上的話，就會產生改善的做法，如「交文件前，一定要確實留下校對時間」、「交文件之前，要跟同事互相確認」等，這樣錯誤就會驟減。如果以「這都是〇〇不好」、「這是我的錯」等態度處理問題，錯誤就永遠不會減少。

錯誤或問題都有其發生的原因。如果不找出原因，改善並預防再度發生，就會不斷出現相同錯誤與問題。

苛責人很簡單，不過要把目光投向問題的本質，問題才能獲得解決。

LECTURE
11
應該「便宜做」，而非「便宜買」

只要一提到ＴＯＹＯＴＡ，很多人腦中可能就會浮現「控管成本」、「降低成本」等口號。

某位指導師指出，從他參與ＴＯＹＯＴＡ組裝工程的年輕時代開始，就一直聽到公司要求「就算是一塊日圓，也要想想能不能省得下來」。

只是，在這裡千萬不可誤解，這句話的意思並不是單純要求員工要「小氣」。假如想盡辦法採購便宜材料，結果製作出來的產品不久就壞掉或品質低落，這樣就沒有意義，反而還會墊高製作成本。

在ＴＯＹＯＴＡ製造現場工作的人絕不是會進便宜貨的「工作商人」。

在ＴＯＹＯＴＡ式生產中，有著「因製作方式的不同，成本也會隨之改變」的基本觀念。

因此，員工會抱持著成本意識運用智慧。總之，他們認為工作就是製作出便宜的產品。

舉例來說，執行降低成本的策略時，不是只想購買便宜的材料，取而代之的是思考「如何提高材料的等級，延長產品的壽命」。就算買了高級材料，如果產品的壽命能延長二倍、三倍，以長遠的眼光來看也就是降低成本了。

∨用力殺價將造成自己的困擾

另外，TOYOTA的現場作業員為了降低成本，會自己動手修理故障的設備。原因是如果在製作過程中額外花錢，費用都會反映到成本上。

因此，萬一設備故障了，TOYOTA不會送出去修理或是更換設備。因為TOYOTA的觀念是要重視現有的東西，要運用手上的物品克服現狀。

你的公司也是一樣，或許主管總是不厭其煩地要求你，「一定要降低成本」、

「成本要控制好」。

但是，你是否選了一個簡單的方式處理呢？

「對廠商砍價」或許很簡單。

不過，這樣的工作任何人都做得來。以長遠的眼光來看，廠商可能會因為賺不到錢而降低產品的品質。萬一變成這樣的結果，你的公司就要傷腦筋了。

首先，最重要的是先絞盡腦汁，思考能否在自己公司內部降低成本。

如果改變製作方法呢？如果改變材料呢？如果改變人員配置呢？如果改變工作流程呢？像這樣試著從各種角度檢討。透過這樣的做法，現場就會充滿員工的創意與功夫，公司也會變得越來越強大。

CHAPTER

2

5 S

TOYOTA工作基本中的基本「5S」

「在現場思考，在現場研究。

——TOYOTA汽車工業創辦人・豐田喜一郎」

LECTURE

12

把浪費變成珍寶

請觀察一下你的辦公桌。

是否是這樣的狀況呢？

尋找需要的文件花了十秒鐘以上。

桌上擺著已經一星期沒用過的文具。

無法立刻說出抽屜最裡面放什麼東西。

辦公桌上放著超過一個月沒碰的文件。

電腦螢幕的桌面排著滿滿的檔案夾……

以上狀況只要中了其中一項，你的工作就會產生浪費。

TOYOTA把浪費定義為「不會提高附加價值的現象或結果」，也致力消除「七種浪費」（❶過量生產的浪費、❷空窗期造成的浪費、❸搬運的浪費、❹加工造成的浪費、❺庫存的浪費、❻動作的浪費、❼瑕疵造成的浪費）。

這「七種浪費」不會替你的辦公桌或職場產生附加價值，而是造成許多無謂的浪費。

以「❸搬運的浪費」為例（取用的浪費）。

頻繁使用的物品卻放在遠處，光是這樣就造成時間的浪費，因為拿取物品的時間本身無法創造任何價值。

在辦公室裡，工作內容明明就需要頻繁地使用印表機，但座位卻安排在離印表機的遠處，這樣就產生浪費；另外，如果經常使用的文具沒有放在手邊，就必須一直起身取用。

又例如「❺庫存的浪費」。

「放置物品」一定需要空間，而辦公室或倉庫的空間並不是免費的。如果堆放過多的物品，成本就會不斷增加。

你辦公桌的周邊是否堆放完全不使用的物品或層層堆疊的紙箱呢？如果把這些物品整理一下，就能有效運用辦公室的空間。

∨無法整理的人，工作也不會成功

辦公室裡「❻動作的浪費」（找尋時間的浪費）也是很嚴重的。

當主管要求你「幫我找出那份文件」，你卻遍尋不著……這樣的景象經常可見。或許你會認為「那麼點時間，沒關係啦」。不過，如果一天花三十分鐘找東西，會產生什麼結果呢？

假設一個月工作二十天，一年就花了七千二百分鐘（＝六百分鐘×十二個月），也就是說光是找東西這件事，你就花掉了五天寶貴的時間。

「時間就是金錢」，這句話你肯定不陌生，如果浪費了分分秒秒的時間，日積月累之後將會造成重大的損失。

還有「❼瑕疵的浪費」。

製造產品的生產現場如果不收拾整理，就會產生用錯零件的風險，可能造成品質不良或客訴等大問題。

辦公室也一樣，如果大批資料混雜堆放，就可能發生帶錯資料拜訪客戶的窘境。電腦裡的檔案名稱亂編一通，就可能在傳送郵件時附加了錯誤的檔案，造成無法挽救的失誤。

無法收拾的人經常發生作業上的浪費，而無法順利交出工作成果——多數的TOYOTA人透過長年以來的實際體驗，可以充滿自信地告訴你這點。

如果做好收拾整理，就會確實消除許多無謂的浪費，進而轉變為創造利潤的工作環境。

請從這樣的視角查看你的辦公桌與辦公室環境吧。你的周圍應該藏著許多浪費的「寶物」等著你來挖掘。

LECTURE

13

整理．整頓就是工作的一部分

把浪費變成寶物的技巧就是TOYOTA的「5S」。

5S指的是以下五種活動，是維持．改善工作環境時使用的口號。

・整理（Seiri）
・整頓（Seiton）
・清掃（Seisou）
・清潔（Seiketsu）
・素養（Shitsuke）

5S是有效的改善方法，不只是在日本，也受到全球企業的注目；不只是TOYOTA公司，而是所有生產現場每天都要理所當然地執行，可說是基本中的基本工作。

特別是「整理」與「整頓」，光是確實做好這兩項就能減少作業的浪費，也會大幅提高工作效率。

大部分的指導師都異口同聲地說：「指導現場時，首先要做的就是『整理』與『整頓』。」

在某指導對象的工廠內，靠牆的架子上放著暫時不會用到的物品，以及有一個就夠的零件或工具卻放了二、三個。

因此，指導師請他們丟掉不需要的東西，架上只留必要的物品。整理後，好幾個架子頓時清空，因為他們已經能夠做到「捨棄」這件事了。

架子清空後，竟然發現架子後面有一扇窗戶，廠長以及所有員工都驚嘆：「沒想到這地方竟然有扇窗戶！」在此之前，沒有人知道牆上有扇窗戶。

透過整理．整頓，空間被有效利用，也能夠以最低限度的零件與工具來作業，整體來說提高了工作效率。最後，工廠成功地改善生產效率而得以大幅縮減生產時間，並且減少一年約三百萬日圓的成本等，甚至還提高產品品質減少不良品。

從多數指導師的經驗來看，光是做到5S中最開始的「整理」與「整頓」，就足以提高職場的工作效率而獲得滿意的成果。

∨做好整理．整頓就會提高工作速度

5S是可以套用在任何工作環境、工作類別的概念。

不分企業規模、業界、職別等，就算是辦公室，5S也可發揮效用。真要說有哪裡不一樣的話，就只有使用工具跟使用筆的不同而已。就算是在辦公室辦公，如果實踐TOYOTA的5S，也一定會減少浪費，提高工作效率。

・製作文件

・找尋文件

・送件・訂貨

・處理電子郵件……

盡量消除這些作業的浪費，工作的處理會更快速，也就有更多時間產出工作成果。

在辦公室也一樣，如果無法做好整理・整頓就會產生浪費，例如「無法立即找到所需文件」、「東西一下子就找不到」等，在時間與成本上就會蒙受損失。

或許你以為這種程度的浪費不算什麼。不過整理・整頓是每天都該做的事，亦即積沙成塔的道理。如果沒有立刻動手處理，未來浪費的情況就會不斷發生。

從這層意義來看，5S其實就是工作本身。

或許有許多人認為「整理・整頓與工作是不相干的兩回事」、「辦公空間與辦公桌弄得漂漂亮亮的，就是整理・整頓」。

不過，TOYOTA把5S視為工作的一部分，理所當然地把5S當成工作的一環並且習慣做好。

LECTURE

14

「整潔」不是目標

許多人對於整理．整頓有著錯誤的認知。

以為東西整潔擺放就是整理．整頓。若是如此，那就是不懂整理．整頓的目的。光是重新擺放，只不過是「整齊排放」而已。

例如，整理．整頓書架時，依據書本大小整齊排放收納；收納文件的檔案夾依照大小與顏色整齊排列。書架看起來井然有序，許多人因此就感到滿足。

不過，留著不需要的東西，只是把東西從右邊移到左邊，以TOYOTA的標準來說稱不上是整理．整頓。

你是否以為「身邊的物品擺放得井然有序」就是整理．整頓？

TOYOTA的整理．整頓不是以「井然有序」為目標。

TOYOTA對於整理・整頓的定義很簡單。

・整理＝區分「需要的東西」與「不需要的東西」，並且丟棄「不需要的東西」。

・整頓＝維持「必要的東西」只在「必要的時候」能夠取出「必要的部分」之狀態。

雖然只是簡單兩句話，不過TOYOTA的整理・整頓精髓都濃縮於其中。

光是排列手上現有的東西、擺放得井然有序，那只是看起來乾淨整潔而已。或許旁人會讚美「好整齊喔」，不過這無助於取得工作成果。

只留下真正「需要的東西」，並在「必要的時候」有效率地使用。能夠做到這點才會提高工作的生產效能與效率。

LECTURE

15 十秒內取出文件

一旦做好整理・整頓，工作就不會發生無謂的浪費。

指導師山本政治證實：「我在TOYOTA的時代，十秒內取出所需文件是大家約定俗成的規則。」

也就是說，當主管要求「給我看那份資料」時，慌慌張張地找文件就算不及格，因為尋找時間就是一種浪費。

請檢查一下你桌上堆積如山的文件吧。

今天工作上所需的文件有多少呢？今天工作上會用到的文件只有其中一部分，其他大部分的文件應該都沒用到吧。有人的辦公桌上甚至堆放超過一年都沒動用過的資料。

整理・整頓的鐵則就是「辦公桌上只放今天所需的東西」。

文件也好，文具也好，如果今天不會用到就要收好。還有，下班回家時，辦公桌上也不會留下任何東西。這才是理想狀態。

在TOYOTA的工作現場擔任課長職的人，有那種雖然管理超過五百名部下，但在工作時卻只需要一張辦公桌與三個文件櫃就足夠的強人，更別說辦公桌上只放著一支電話……

辦公時間，桌上只擺放當天會用到最低限度的文件與電腦，下班後的桌面完全淨空。而且收納文件櫃裡整齊擺放著十二個A3資料夾。TOYOTA公司有許多這樣的管理職員工。

一般人的想法是，「隨著部下增加、工作增加，東西也會隨之增加」。不過，TOYOTA員工的做事態度卻完全相反：東西減得越多，工作效率越高。

請環顧一下你的辦公空間吧。是不是辦公桌越混亂的人，工作就越容易延宕，也越容易發生問題？相反地，辦公桌收拾得乾淨整潔的人，做事應該也是井井有條才對。

LECTURE

16 制訂「丟棄的標準」

接下來就是實踐篇了。

首先就從「整理」開始做起吧。

分辨眼前的物品是「需要的東西」或是「不需要的東西」，並且丟掉「不需要的東西」。這就是整理的基本原則。

不過，我相信有很多人都「不擅長丟棄」吧。這些人的藉口是「搞不好有一天會用到」、「不知道該不該丟」。

其實他們之所以無法捨棄，是因為無法判斷這東西「是否真的必要」。

有位指導師前往其指導的企業——一家建設公司的辦公室拜訪。

環顧辦公室，發現工程監督的辦公桌上，堆滿了各種文件。甚至，辦公桌旁邊也堆疊著塞滿文件資料的紙箱。

工程監督一天到晚忙著製作、確認文件資料，幾乎無法到工地現場監督。導致工作沒有按照進度進行，失誤也接連發生。

指導師判斷，太多不需要的文件可能是造成此狀況的原因，於是一開始著手處理的就是「文件的保存時間」。

該建設公司的規定是，文件至少要保存五年。不過，仔細詢問之後才了解，文件保存五年是該公司取得ＩＳＯ（國際標準化組織）時，不知為何訂下的規矩，完全沒有明確的依據與必然性。

工程監督回答：「因為ＩＳＯ的外部顧問告訴我們，這類的文件要保存五年才比較安心。」

只因為顧問的一句話，文件保存五年的規則就在不知不覺中訂下來。雖然有必要再度確認法律相關的文件保存規定，不過終究還是得根據真正的必要性來制訂規則，而不是自己想、自己決定。

這樣的情況在各種職場上屢見不鮮。

就算是不知不覺就保存一年的文件也一樣，翻出來一看，別說是一年，有的甚至好幾年都沒拿出來看過。另外，電腦裡也保存好多不會用到的數據資料，導致重要的檔案遍尋不著，或是因為資料量太多，使得電腦的運作速度變慢等等。

如果有意識地看待身邊的事物，就會明白遵循不明原因而制訂的規則所保存的物品，其實是「不需要的東西」。

如果這些「不需要的東西」占據了公司的有限空間或耽誤每天的作業，那就造成嚴重的浪費了。

無論是你的辦公桌或電腦，都可能發生與前述工程監督相同的情況。

如果沒有「是否真的需要」這個判斷標準，也就是「丟棄標準」的話，就無法做到真正的捨棄。

LECTURE
17
把「總有一天」改為「什麼時候」

那麼，要根據什麼樣的標準丟棄物品呢？

TOYOTA的判斷標準之一是「時間」，大致可分為以下三大類。

❶目前使用的東西
❷總有一天會用到的東西
❸永遠不會用到的東西

所謂❶「目前使用的東西」指今天或明天都確實會用到的東西。

如果是製造產品的生產現場，那就是製品的零件與所需工具；若是在辦公室的話，那就是與目前專案有關的資料等等。

如果手上缺少這樣東西，工作就無法進行了。

快轉到❸「永遠不會用到的東西」，這就簡單了吧。

不變的原則就是立即處理掉。

不要猶豫，就直接丟掉吧。

到目前為止應該都不困難吧。

問題就在於❷「總有一天會用到的東西」。

環顧身邊四周，到處充斥著「總有一天會用到的東西」。

「這份資料有一天或許會有用」、「這個文具有一天會用到吧」，因為這樣的想法，所以就不知不覺地存放起來。

對於「總有一天會用到的東西」，一定要問「什麼時候會用到」。也就是設定一個期限。

一星期之後、一個月後、三個月後、半年後……就像這樣，你必須根據物品或工作的種類，決定一個最後期限。

一旦設定期限，該期限就是判斷「需要的東西」與「不需要的東西」之判斷標準。

例如，同事交給你一份工作相關的資料。

因為「這份資料或許有一天會有用」，許多人就直接把資料放在桌上。不過，這時你必須問自己這個問題。

「什麼時候會用到？」

TOYOTA會清楚訂出一個期限，讓員工知道這份資料要保存到什麼時候。

接著，當期限到來時，如果一次都沒用到，就自動把這份資料歸類在「不需要的東西」。

對於❷「總有一天會用到的東西」，一定要設定期限，過了這個期限仍舊沒有機會使用的話，那就降級為「❸永遠不會用到的東西」，快點丟掉吧。

只要遵循這個原則，就能消除你身邊沒有用的東西。

LECTURE

18 縮短「什麼時候」的期限

那麼，「什麼時候」的那個期限該如何設定才好呢？這也是個惱人的問題。

不習慣丟東西的人或許會設定一個寬鬆的時間，例如「一年後」。

不過，基本上保存物品的時間越短，東西就會越少，保存物品的時間越長，東西就會越多。

如果想要徹底整理，就要提醒自己盡量縮短保存時間。

TOYOTA多半以一週或一個月為單位設定期限。

「總有一天可能會用到的東西」變成「這一週都沒用到……」、「過了一個月也沒用到……」，這樣就可以判定為「不需要的東西」。

根據工作場合或物品的特性，期限的設定．保存期限的長短也不同。

只是，共通點就是盡量縮短「什麼時候」的這個期限。透過這樣的做法，東西就會明顯減少。

∨重要的文件更需要設定保存期限

如果把「總有一天會用到」的期限設定在極小值的話，原則就是「工作結束時，也同時處理文件」。

例如案件或專案結束時，也同時丟掉相關文件。

指導師淺岡矢八在TOYOTA時代隸屬於技術部，長年從事新車試做的工作，也就是研發還沒上市的汽車。因此，他必須製作、保存各種機密文件。

機密文件依照重要程度分為不同等級，也依照分類規定可閱讀的員工層級，管理方式當然也就各有不同。

雖然這些文件數量龐大，不過由於規定「專案結束時也同時處分文件」，所以當汽車商品化的目標一制訂出來，就以此為「期限」，所有以前往來的文件就立刻丟入碎紙機內銷毀。由於原先就有這樣的規定，所以技術部的辦公室裡不會出現堆滿文件的景象。

這個做法也可以提供給在辦公室工作的人作參考。

如果抱持著「晚點再丟」、「收集到一定的程度再丟」的想法，最後很可能就會一直堆積下去。

正所謂趁熱打鐵。「專案結束時也同時處理文件」，如果貫徹執行這項規定，辦公桌上就不會有堆積如山的文件了。

LECTURE

19 收拾無豁免「聖地」

辦公室裡，最難丟的物品莫過於名片了。

「名片盒裡累積了好多名片，但是名字跟臉都對不起來」，這可能是很多人的心聲吧。

以TOYOTA式的整理法來說，名片也不屬於收拾整理的豁免聖地，不使用的名片就算保存著，也不會提高生產效能。

指導師土屋仁志說：「一年內沒用過的名片就要丟掉。」

或許有人對這種說法感到不以為然吧。不過，如果這一年來都沒有來往，日後大概也不會再接觸了吧。這就是現實情況。

就算丟了名片，日後有需要聯絡的話，公司內部很可能有人知道對方的聯絡方式，再不然就查詢對方公司的電話，總是有辦法聯絡才對。

當然，依職業種類與公司性質的不同，保存名片的期限也有長有短。如果你自己決定一個規則，例如「一年內都沒有聯絡的人，就把名片丟了」，這樣就不會累積一堆不使用的名片。

∨越是難以捨棄就越突顯規則的重要

辦公室裡與名片同列難以處理的東西，就屬電子郵件了。

如果不整理郵件，導致收件匣堆積上百封郵件，就可能因為忘記回信或忘記確認而引發意想不到的問題。

「那封郵件到底在哪裡？」也會像這樣徒增找尋的功夫。

郵件也跟物品的整理一樣，不需要的郵件就得刪除。

在TOYOTA時代帶領數百名部下的指導師，中島輝雄說：「每天上班都會收到近百封的郵件，不過我制訂一項規則，就是刪除所有已讀、已回的郵件。」

或許這是比較極端的案例，不過，重要的是，不需要的郵件要根據一定的判斷標準刪除。

「所有的電子報都要刪除。」

「超過一年的郵件就要刪除。」

當然，作為紀錄用的郵件就有必要留下來。如果事先制訂這樣的規則，就能夠毫不猶豫地刪除不需要的郵件。

無用的郵件與必要的郵件混雜存放，或是沒有制訂刪除規則的人，現在就趕快動手整理吧，一定能提高你的工作效率！

LECTURE

20 先進先出法

如果不是有意識地整理資料或文件，每天就會不斷地把文件堆積在辦公桌上。

這麼一來，被埋在下方的資料與文件就會越來越看不見，也可能發生沒有處理到重要案件的嚴重問題。

堆積物品基本上就是個很不好的行為。整理時最重要的就是要避免發生這種事。

TOYOTA有個「先進先出」的口號。

意思就是，就算是相同物品，先進貨的就要先用。隨著時間經過，物品會逐漸變質而導致無法使用，所以要從較早進貨的物品開始依序使用。

整理的重點就在於，是否建立一個能確實做好「先進先出」的機制。

例如次頁的上圖，如果先使用剛進貨的物品，放在下方的舊貨就會一直留在下方，無論過了幾年也都不會用到。東西變得不能用就是浪費。這不是「先進先出」的做法，而是相反的「後進先出」法。

不過，如果如次頁下圖那樣做一些安排，從先進貨的開始用起，貫徹「先進先出」，就能降低庫存的時間。

庫存時間越少，表示物品的流通速度越快，沒有停滯。如果物品沒有堆積，也會成為一個好整理的環境。

看看自己身邊的東西，從哪裡來的？如何管理？以什麼樣的順序出去？掌握物品的流向是非常重要的。

V 處理先送來的文件

先進先出法也能應用在辦公桌的整理上。

如果辦公桌上堆積了文件或資料，就要在桌上放一個專門收文件的文件盒，並且

如果是「先進先出」，就不會堆積不需要的物品

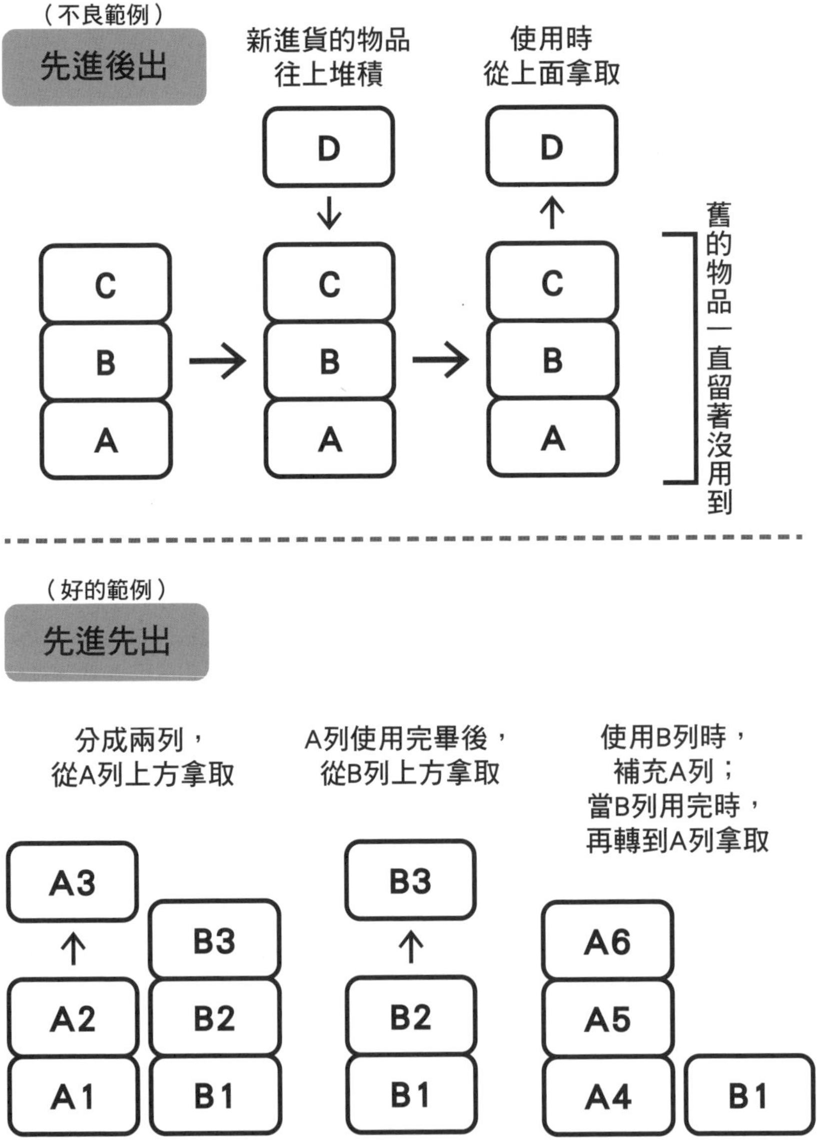
（不良範例）
先進後出
新進貨的物品往上堆積
使用時從上面拿取
D
D
C
B
A
C
B
A
C
B
A
舊的物品一直留著沒用到
（好的範例）
先進先出
分成兩列，從A列上方拿取
A列使用完畢後，從B列上方拿取
使用B列時，補充A列；當B列用完時，再轉到A列拿取
A3
A2
A1
B3
B2
B1
B3
B2
B1
A6
A5
A4
B1

限定一個文件的入口處。

接著，一天數次取出文件盒裡的文件並依序處理。如果是「❶不需要的文件」就要立即處分，若是「❷必須保存的文件」，則收進分類的資料夾裡。

如果是「❸無法立即處理的文件」，則依照文件分類，裝入透明夾，再放回文件盒裡。

這時，如果在透明夾貼上寫了期限的標籤，如「十月十二日前處理」、「等待○○部長的回覆」，就不會因為忘記而擱置不理了。

像這樣，不斷處理先送進來的文件，同時自己也制訂規則，例如下班前必須將桌上文件盒裡的文件處理完畢，這樣辦公桌上就不會發生文件堆積如山的狀況了。

LECTURE
21
決定「固定位置」讓別人也找得到

「整理」完畢，留下必要物品之後，接下來就要進行「整頓」。

所謂整頓就是「必要的東西」在「必要的時候」能夠取出「必要的部分」，或者也可以說是「決定物品的固定位置」。

製造產品的工作現場是集體作業，沒有任何一項工作能靠個人獨立作業完成。因此，針對不特定多數人使用的物品，必須決定固定位置，使用後也必須物歸原處。

假設有一個人使用扳手工作，然後隨意地放在身邊。這個人記得他放扳手的位置，所以使用上沒有任何問題。如果記憶猶新的話，下次使用時也能夠馬上找到。

不過，假如他使用了好幾支扳手，當事人的記憶就會開始模糊，或是後來別人需要使用扳手，也會因為沒有事先決定固定位置而找不到。結果還得先找到扳手才能工作。這就是為什麼TOYOTA如此堅持做好整頓的緣故。

整頓的原則是，任何人來找都找得到。

例如，太太因故住院，先生就算在自己家裡也搞不清楚東西的擺放位置。這種情況經常可見。所謂整頓就是，不只是負責收納整理的太太，連先生也知道東西擺放的地方。

舉例來說，想拿冰箱裡的一樣東西，每天做菜的太太十分清楚哪樣食材放在哪個位置，但其他人想在短時間之內找到需要的食材卻是意外地困難。一下子打開冷藏庫，一下子打開蔬果箱，然後又打開冷凍室……明明買的是節能冰箱，但打開冰箱後卻花了一分鐘找食材，反而花了更多電費而造成浪費。

那麼，假如在冰箱門上用磁鐵貼一張紙，上面說明食材的擺放位置如何呢？這樣就能精準地打開食材放置的冰箱門並快速取出。

在家裡或許不用做到那麼詳細，不過在許多人一起工作的公司裡，就必須先決定好固定位置，讓每個人都知道。

「決定固定位置，讓原先不知道位置的人也能夠在三十秒內找到」，如果辦公室設定這樣的標準，就能做好任何人都容易了解的整頓。

V 整頓會提高團隊實力

整頓也適用於辦公室工作。

一個人獨力完成的作業很少。每個人工作時會跟其他很多人產生關係，各自的作業也互有關聯。

因此，如果只有管理者知道保存重要文件的地方，萬一這個人外出或因病請假那就麻煩了。大家就得在堆積如山的文件中翻找了。

指導師柴田毅教導5S的某企業採取了「雙責任制」的制度。也就是說，一項業務有主、副兩名負責人，主負責人因為休假或出差而無法處理業務，例如服務顧客等，就由副手出面處理。

然而，實際上這項制度卻徒具形式。除了主負責人之外，其他人都不清楚必要文件或辦手續的步驟說明書的收納位置。

因此，當顧客來辦手續時，副手不知道文件的收納位置，就會像無頭蒼蠅般地四處尋找。好不容易建立的「雙責任制」卻因為整頓的不完全而無法活用。

在職場上，團隊合作是非常重要的。

「就算自己不在，其他人也能在必要時刻找到必要的東西」，像這樣進行整頓，才能發揮團隊合作的效能。

LECTURE

22 決定物品的「地址」

決定物品的固定位置時，如果把工廠或辦公室視為一個城鎮，就很容易定位。把整個空間切割成如棋盤般的方格，以「△△放在○巷○號」的方式，清楚標明物品的所在位置。

像這樣清楚定位後，每樣物品的「地址」就會固定下來，例如「○○的會議資料放在一巷一號」、「災害發生時的備用糧食放在四巷三號」等。

向別人說明物品的放置位置時，就不會含糊地說「就放在那邊啊」，而能夠明確指出精準位置。如果把物品的「地址」貼在辦公室留言板上，則任何人都能找到想找的東西。

像這樣決定物品放置地點的方法，TOYOTA稱為「決定物品的地址」。

就算是在辦公室進行整頓，「決定物品地址」概念也非常重要。

・辦公桌的右上方抽屜放文具、辦公用品
・辦公桌的右下方抽屜放進行中的工作檔案
・辦公桌的左上方抽屜放傳票、收據類的文件
・辦公桌的左下方抽屜放保存用的文件檔案

像這樣決定各項物品的固定位置之後，再「公告」抽屜裡放了些什麼東西。這麼一來，就能防止「因為有空間，就暫時先放在這個抽屜」這類的狀況，也不會找不到東西了。當然，更能夠減少找尋的浪費。

整頓電腦桌面的檔案時，「決定物品地址」的概念也是很重要的。

時常看到有人在電腦桌面上放了數不清的檔案。

檔案與文件一樣，「尋找」這個動作不會產生價值，只是浪費時間。想瞬間從電腦桌面上好幾十個檔案中看到需要的檔案，真是極其困難的事。

檔案也要決定「地址」，進行整頓。

重點是建立「大分類」、「中分類」、「小分類」等三個層級的資料夾，再把檔案放入資料夾內，這樣短時間之內就可找到想找的檔案。

作為入口的大分類資料夾，某種程度可放在桌面上。不過，如果一眼看去螢幕上有許多資料夾的話，也一樣不好找。

所以，如果訂出一個標準，例如「電腦桌面上的資料夾不超過三列」，這樣電腦的桌面看起來就會比較整潔。

另外，如果每一個檔案名稱都標出日期、公司名或客戶名、檔案內容等詳細資訊的話，也比較容易找到所需檔案。

決定物品的「固定位置」

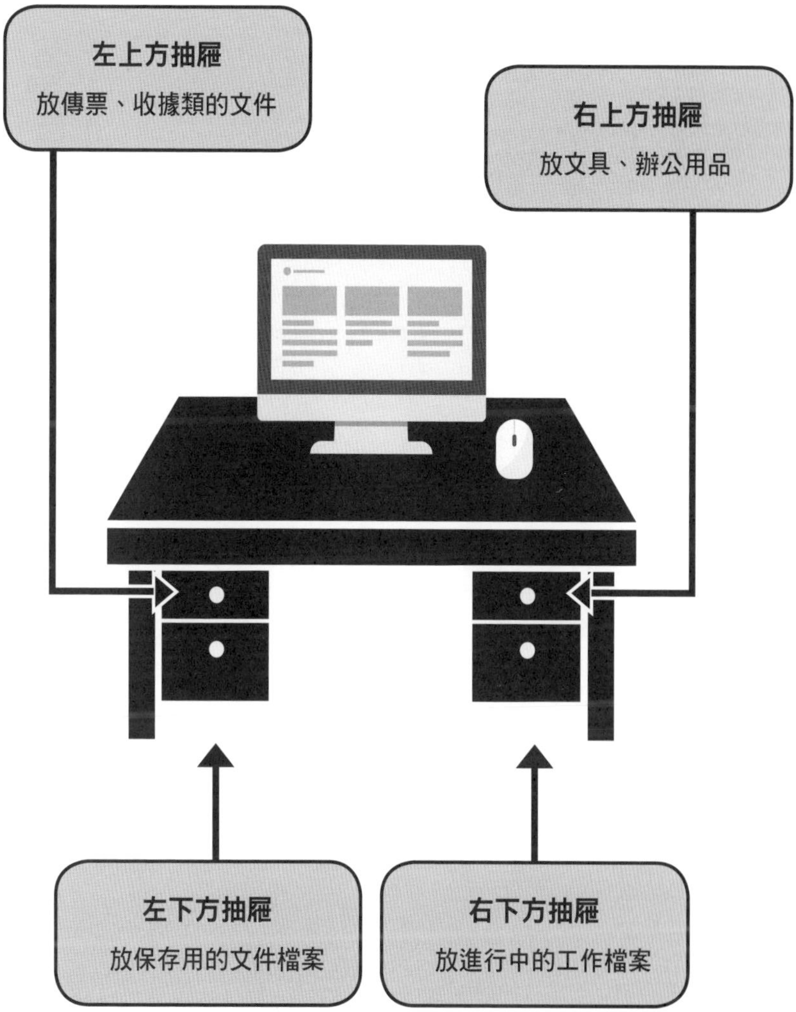
左上方抽屜
放傳票、收據類的文件
右上方抽屜
放文具、辦公用品
左下方抽屜
放保存用的文件檔案
右下方抽屜
放進行中的工作檔案

LECTURE

23

製作「工具形狀圖」

明明都已經決定好「這個抽屜放文具」，但不知不覺地其他東西也混入其中，或是文具一直放在他處沒有收進抽屜裡。你是否也有過這種經驗呢？

一旦整頓遭到破壞，現場就會變得越來越凌亂。

整頓變得凌亂有可能是收納地點或放置方法不好所造成的。

特別常見的案例就是「收納位置不容易辨識」。

就算想收好工具，但如果不容易一眼看出收納位置或收納（放置）方法，好不容易做好的整頓就會逐漸變得凌亂。

TOYOTA為了防止這種情況發生，採取的對策是「大而清楚地顯示放置位置」。

在架上顯眼處標示「A零件」、「B零件」等，清楚告知這是放哪些用品的地方。

如果是辦公室，就在抽屜或架上清楚標示「A顧客相關文件」、「B顧客相關文件」，這樣就很容易物歸原處。

TOYOTA的「工具形狀圖」之整頓方法也能應用在辦公室裡。

例如，決定好扳手的放置位置後，就在該處畫出扳手的形狀或貼上插圖、相片等作為標示。

如果放置位置標出該工具的形狀，哪件東西要放在哪個位置就一目了然了。

∨放置位置寫上或貼上文具名稱

這種工具形狀圖的概念也能運用在個人的辦公桌或抽屜。

・透明膠帶放在右邊裡面
・二孔打孔機放在手邊

・大型釘書機放在左邊裡面

就像這樣，先決定好文具擺放的地方，歸位的位置就很清楚，也能夠確實放回原位。如果原先決定好的位置放了其他物品，形狀不對就會感覺怪怪的，這樣就能確保整頓的狀態。

假如形狀圖不好做，就在放置處貼上貼紙，標明「透明膠帶」、「二孔打孔機」等，這樣做也能有效地清楚標示物品的擺放位置。

當然，這些方法一樣能運用在文件或檔案的管理上。在收納文件、檔案的文件櫃或抽屜裡貼上貼紙，貼紙上標示「業務會議資料」、「A公司資料」等，這樣就很容易做好整頓的工作。

利用「工具形狀圖」清楚標示收納位置

放置文具的狀態

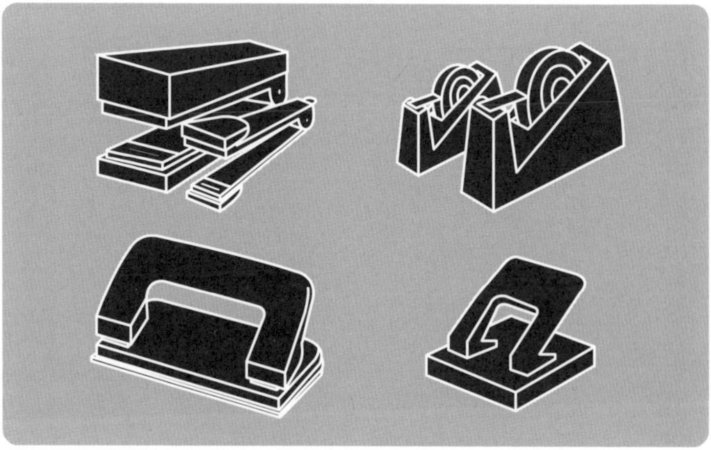

文具取出使用的時候

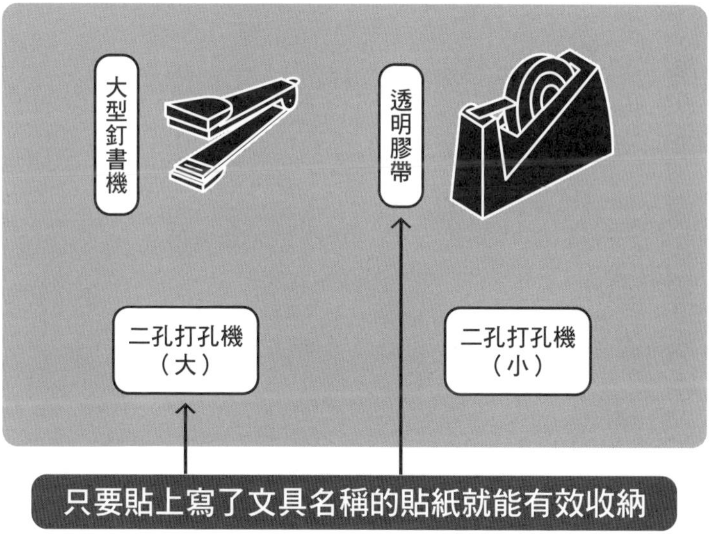

LECTURE

24 依照使用頻率決定放置位置

TOYOTA製造產品的工作現場很重視「動作經濟」。

所謂動作經濟是研究如何改善人的動作以提高生產效能，這概念多半運用在重複動作多的工作上。

以工廠的作業員為例。

假設工作上有需要的零件．工具等，就要放在手能搆得到的範圍內。對作業員而言，最不造成負擔且最有效率活動的，就是手能搆得到的範圍。

還有，如果是經常使用的東西，就要放在順手拿得到的地方，這樣又能更減輕負擔。

一邊思考作業的動線，一邊思考物品的放置位置。

在辦公室工作也一樣。經常使用的文件或文具都要放在手能搆得到的範圍。把東西放在非得特地起身、移動身體才能取用的地方，作業效率就會下降。

「必要的東西」只在必要的時候能取出必要的部分，這就是「整頓」。

雖說如此，如果「必要的東西」很多，也無法把所有東西都放在身邊，因為身旁的空間有限。

因此，要依照特定的標準分類「必要的東西」，並且思考每樣東西的擺放位置。

這個分類標準就是「頻率」。

❶每天使用嗎？

❷每隔二～三天使用嗎？

❸每隔一週使用嗎？

以上述的標準整理分類，再根據頻率高低決定位置的遠近。

這個概念也可以套用在家裡的廚房。

菜刀等平常都會用到的器具，我們都會放在觸手可及的地方吧。另一方面，不太使用的東西應該就會放在架上才對。依照使用頻率的高低決定物品的放置位置，就是這樣的感覺。

工作也是一樣。

・經常使用的東西放在辦公桌的抽屜或身邊的架上。
・一星期使用一次或一個月使用一次的東西，放在有點距離的架上。
・半年或一年才用一次的東西，就放在別棟樓的倉庫裡。

就像這樣，依照使用頻率來決定物品的擺放位置。

舉例來說，以這個方法整理文件時，把文件放進年度別、月別的檔案夾裡，並且制訂固定的保存規則，如「由右到左擺放」。

假設現在是二〇一五年三月，那就如下所示，從手邊開始，依照時間順序往遠處排列。

「越常用」的文件越靠近身邊

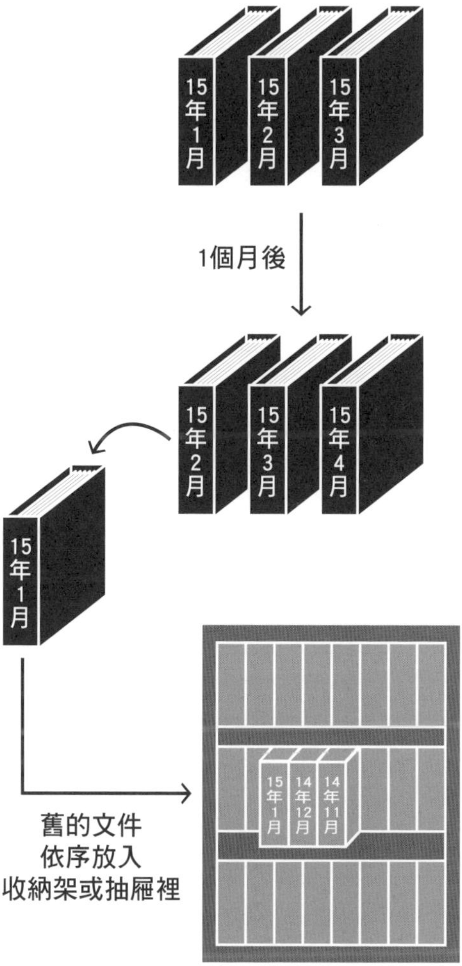

❶二〇一五年三月的檔案夾
❷二〇一五年二月的檔案夾
❸二〇一五年一月的檔案夾

到了隔月，手邊放的就是二〇一五年四月的新檔案夾，前面的檔案夾就往內各移一個位置。

這麼做的話，最近經常使用的文件就會一直保持在手邊的狀態，使用頻率降低的舊文件也要跟著移位。舊文件可收納在稍遠一點的架上或文件櫃裡。

接下來，假設事先就設定三年的保存期限，當有文件超過三年，就自動成為「不需要的東西」而廢棄。

經常使用的東西放在手邊，不常使用的東西放在較遠處。這樣的做法不僅能減少文件堆積，同時也會提高工作的生產效能。

LECTURE

25 畫一條線

二〇一四年在巴西舉辦世界盃足球賽，選手踢自由球時，裁判使用會消散的白色泡沫在草地上畫線的光景，各位應該都還記得吧。

踢自由球時，為了讓球不容易進網，所以守備的球員們會組成一道人牆，然後他們會在裁判沒看到時，稍微超出界線一點。不過，如果在草地上畫上白線，選手就沒辦法作弊了。

只是一條線而已，卻發揮了極大的效果。

其實，這一條線的概念，就是TOYOTA全公司上下向來在工作現場中所實踐的概念。

指導師如果只是在指導現場要求現場員工「整理．整頓」，員工們常常也不知該從何做起。

這時，指導師就會在現場畫一條線。

例如，如果工作現場有推車，就決定推車不使用時的擺放位置，並畫線分隔區域。這條線可以用粉筆畫，也可以貼膠帶表示。

像這樣清楚畫出一條線之後，員工就會發現東西沒有擺好超出線外，也會產生「超出線外了，把物品放到線內吧」，像這樣把東西收好的心情。

另外，如果是物品堆放很高的空間，就在牆壁上畫線，規定「最高不能超出這條線」。這麼一來，員工工作時就會注意東西不要堆太高。

∨光是畫一條線，拖鞋就整齊擺放

也有這樣的例子。

前ＴＯＹＯＴＡ員工的指導師，在超市的倉庫裡指導員工進行整理．整頓。

超市的倉庫裡堆滿了各種貨品，也很容易雜亂無章。由於員工們的拖鞋任意擺放，所以指導師決定從這裡著手。

理由是，雖然前來超市購物的消費者不會看到倉庫的狀況，不過確實做好整理．整頓倉庫的心態，也會自動反應在接待消費者的態度上。

指導師號召超市的員工把拖鞋確實擺好，不過光是如此，員工們還是沒辦法做好這簡單的動作。因為工作忙碌，所以大家一不小心就會忘記這件事。

因此，指導師實施了「畫一條線」的做法。

在倉庫入口的地板上鋪上地墊，地墊的寬度裁切成拖鞋的長度。由於員工眼睛一看就知道拖鞋應該擺放的位置，所以大家馬上就能配合地墊的裁切線，確實擺放好拖鞋了。

這樣的概念也能應用在辦公室或辦公桌的整理上。

例如，利用膠帶在辦公桌上貼出一塊區域。

「從這裡到這裡不能放東西」，如果像這樣確保工作空間，既不會胡亂堆放物品，也容易培養整理．整頓的意識。

另外，也可以畫線決定固定位置，例如「筆筒放在這裡」、「檔案夾放在這裡」。就算不是畫線，光以膠帶貼一個「X」就足以帶來視覺上的提醒效果。不擅長物歸原處的人，這是一個推薦的好方法。

LECTURE

26

清掃也列入日常工作中

透過整理・整頓收拾辦公室與辦公桌周邊，接下來如何維持也是很重要的。完成整理・整頓的當下感覺滿足，但好不容易收拾整潔的狀態不一會兒又變得凌亂，這種現象也經常可見。

可防止這種狀況產生的，就是5S中的其他三個S。

「清掃」（打掃乾淨。維持平常使用物品的乾淨。）

「清潔」（維持整理・整頓・清掃的狀態。）

「素養」（讓大家遵守整理・整頓・清掃的規則。）

如果不執行這三項，就算做好整理．整頓，也還是會回到原來的狀態，整理．整頓也就永無止盡。

特別是如果沒有養成清掃的習慣，好不容易做好的整理．整頓就會白費功夫。

所謂清掃，就是「打掃乾淨」。

就算做了整理．整頓，每天的工作還是會產生垃圾或沾染髒汙，如果置之不理，保持整潔的意識就會逐漸低落。

保持整理．整頓的狀態的最佳祕訣，就是一直保持乾淨整潔的狀態。

各位不覺得「乾淨的地方就不會被丟垃圾」嗎？相反地，一旦變髒，就容易越來越髒。

例如，被丟在路邊的自行車，只要置物籃裡被丟了一個空罐子，就會有人認為「垃圾丟在這裡也無所謂吧」，而陸續把垃圾丟進來。到最後置物籃裡的垃圾就會堆到滿出來……

相反地，同樣是廢棄自行車，置物籃裡如果沒有垃圾，就不會有人覺得這地方可以丟垃圾。

保持乾淨的狀態，就會一直乾淨下去。然而，一旦有人開個頭弄髒，大家就會開始弄髒。

清掃的理由就在這裡。

如果經常保持乾淨，就能一直維持乾淨的狀態。更重要的是，周遭環境保持乾淨，心情就會感覺舒服，工作也能夠維持在精力充沛的狀態。

持續清掃是有其意義的。

∨規定一段清掃的「時間」

各位平常在辦公室會打掃嗎？

或許你的公司沒有設定固定的打掃時間，也有的公司認為打掃本來就是讓外包廠商處理的事。

不過，若想培養清掃的習慣，設定一個特定時間來集中心力打掃也是方法之一。

如果是辦公桌周邊的打掃，個人就做得來，只要自己設定一個打掃時間，定期清掃辦公桌周邊環境即可。

例如「下班前五分鐘是整理時間」、「每週五撥十五分鐘為打掃時間」，像這樣把打掃工作併入日常業務之中。

每天忙碌的工作當中，要有意識地設定固定的「清掃時間」，否則就無法落實清掃的活動。每天僅花數分鐘的時間，也不會影響日常的工作進度。

許多人認為「清掃又不是工作，在工作的空檔做就好了」，不過TOYOTA把清掃視為重要業務的一部分。

清掃，不是等環境變凌亂或骯髒之後才做，而是每天都要執行的工作內容。

LECTURE

27

清掃工具要「可視化」

若想把打掃化為固定的習慣，「工具」也很重要。

如果沒有工具，就算想打掃也做不來。

指導師小笠原甲馬曾遇到一個總是無法落實5S的案例。然後有一天突然發現，原來打掃用的「工具」根本沒有準備齊全。

在該職場中雖然為5S設定了執行「時間」，卻沒有準備打掃專用的清潔劑。簡單說是清潔劑，其實也分成地板用、玻璃用以及機器設備用等各種用途的清潔劑。

如果不使用專用清潔劑，光用抹布擦拭，不僅會耗費太多時間，也無法簡單去除髒汙；但如果備齊專用清潔劑，不僅能在短時間之內完成打掃工作，也容易培養打掃的習慣。

∨在辦公桌附近放置清掃工具就容易養成習慣

ＴＯＹＯＴＡ透過組織內共享資訊的策略，不僅能早期發現現場的問題，也徹底做好有助於改善的「可視化」。

如果打掃工具也做到「可視化」，打掃就會成為習慣。

打掃工具通常都被收到櫃子裡，塞在客戶看不到的地方，也就是辦公室最裡面、最裡面的空間。

不過，如果從外面不容易看到，掃帚、拖把就會亂擺，或是工具遺失、損壞了也不知道。而且，看到工具損壞或髒汙，就會不想使用了——這是一般人的心態。

本來就覺得麻煩的打掃工作，變得越來越懶得動手了。

因此，請找一個客戶不會看到但員工卻容易拿取的空間，把打掃工具收在裡面。如果打掃工具隨時保持乾淨可使用的狀態，打掃門檻就會一下子降低許多。

也有公司不放打掃工具。

像這種情況，建議在自己的辦公桌旁放塊抹布等最低限度的清掃用品，這樣隨時都能馬上取用打掃。

只是，如果清潔用品放在櫃子或離辦公桌較遠的地方，也就會變得懶得打掃了。

如果盡量放在靠近辦公桌的地方，例如辦公桌的內側，以衣架掛一條抹布或手持拖把等，就能夠輕鬆拿取工具打掃。

LECTURE

28

清掃是發現問題的好時機

清掃工廠的好處不是只有把工廠變乾淨而已。

透過清掃也能夠發現異常狀況。

TOYOTA有一句話，「清掃就是檢查」。生產現場也經常發生「從垃圾或小髒汙中發現異常」的案例。

例如，清掃時發現有一個螺栓掉在地板上。

這時就要確認這個螺栓是從哪裡掉出來的。如果是設備老舊導致螺栓脫落，製造產品時就會產生不良品或發生問題。

清掃時，發現地板上有幾滴油汙，就可能是從機器設備的某處漏出來的。如果擱置不理，可能會造成不良品或機器故障，也會發生因油汙而滑倒的危險。

若發現橡膠碎屑掉落，可能是設備某處的皮帶發生磨損劣化。如果及時發現，及時更換損耗的皮帶，就能預防設備發生故障。

「清掃就是檢查」的概念不僅限於工廠。

在打掃辦公室或辦公桌周邊時，也順便檢查是否確實遵循整理．整頓的規則，是否有地方沒有收拾乾淨。

這麼一來，或許就會從文件堆中發現一定要交出去的文件，也可能會從電腦桌面凌亂的檔案夾中，發現必須立即處理的文件。

清掃是察覺異於平常的狀況、發現問題的好機會。抱持著這樣的認知進行清掃，不僅會提高工作動力，眼睛看到的景象也會變得不一樣。

CHAPTER

3

改善力

所有工作的基礎，TOYOTA的「改善力」

「不要機械式地僵硬思考。
如果運用智慧，
就算是乾毛巾也能擠出水來。」
——TOYOTA汽車前會長．豐田英二

LECTURE

29 工作＝作業＋改善

「ＴＯＹＯＴＡ＝改善」，這是大部分人對於ＴＯＹＯＴＡ的印象吧。

所謂「改善」可說是找出與人（Man）、機器（Machine）、材料（Material）、方法（Method）等４Ｍ有關的浪費，並且迅速排除浪費的活動。這是ＴＯＹＯＴＡ式生產的關鍵，所以ＴＯＹＯＴＡ的員工一進入公司，就會立刻被灌輸這些改善方式。

因為每天透過改善，能消除工作現場的浪費並提高工作的生產效能。

如果你也在跟ＴＯＹＯＴＡ一樣的製造業上班，應該就能夠想像消除浪費的改善之重要性，不過在辦公室工作的人對於「改善」可能就沒那麼有感了。

大部分的人對於改善，可能都是這類的想法吧。

「改善跟辦公室工作或創意性的工作無關。」
「改善需要特別的技能。」
「改善是需要組成特別專案的重大活動。」

不過，指導師中山憲雄說：「改善不是什麼特別的活動，而是每天應該落實的行動。」

「一般公司通常把每天的工作與改善行動分別看待，另一方面，TOYOTA則認為『工作＝作業＋改善』。員工不是只完成被交辦的作業就好，也要持續地進行改善，這是TOYOTA對於工作的定義。」

舉例來說，假設製造現場需要某個必要零件，每次都要花二十秒走到架上拿取。如果這個動作一天做三十次，一天就花了十分鐘（＝二十秒×三十次）。以一年工作二四〇天來算，光是走路取物，一年就損失了四十個小時（＝十分×二四〇日÷六十分）。就如同積沙成塔這句成語所說，只要換算成一年的時間，就能看出嚴重的成本浪費。

因此，如果把零件架移到生產線旁邊，作業員一秒鐘就能拿到零件，這樣的改善就會提高工作的生產效能。

辦公室工作也一樣。假如無法做好整理·整頓，導致經常要花時間找尋需要的文件，一年就會損失大把的時間。而只要做好文件的整理·整頓，馬上就能拿取需要的文件，工作效能也會提高。

總之，改善與否將會大大地影響每天的工作成果。也正因如此，更需要把改善視為工作的一部分，而且平常就要落實改善的行動。

某位指導師說，自從升格管理職以來，直屬主管總是提醒他「每天都要改變工作現場」。

「每天都要改變工作現場」的意思就是，每天都要持續改善。如果持續改善，現場當然就會不斷產生變化，同時也會提高工作效率。

V改善是充滿創意的工作

改善，原本就是個愉快的過程。

TOYOTA生產線上的作業員為了在短時間之內做出高品質的工作而拚命努力。那樣的光景乍看像是機器人一般，不過他們絕不是像機器人那樣，只是單純重複相同的動作而已。

只要一覺得「哪裡怪怪的」，就自動停止生產線，思考改善方案。然後，如果這個改善方案獲得實際的成果，就會獲得同事的好評，也能夠獲得獎金。

就算看起來像機器人一樣地工作，TOYOTA的員工在面對工作時也會時時保持彈性創意。

LECTURE

30

「工作現場」充滿了改善的題材

P52提到，「現地．現物」是改善時非常重要的原則。指導師加藤由昭說：「現場有滿坑滿谷的改善題材。」

舉例來說，在裝設汽車尾燈的工程中，員工一味地重複裝燈的作業。或許你會認為同樣的事做了無數次之後，就沒有需要改善的地方了。其實不然。如果從各種角度來看，就會發現好幾個應該改善的部分。

把尾燈嵌入車體時，如果針對角度、順序、力道，以及零件或工具的位置等下功夫研究，就能減少作業的浪費；改變記載作業內容的指示表顏色或字體就更容易閱讀，也會減少作業上的失誤。因車種或出口國的不同，改善的重點也各有差異。

TOYOTA公司有「創意功夫」的制度，也就是把日常工作中察覺異常的事情，或是提出這樣做比較好的改善方案等，整理在一張A4紙上提交給主管。如果最後評定為極佳的提案，就能夠獲頒獎金。

TOYOTA的員工們受到主管鼓勵，積極向「創意功夫」提案，在這當中不斷培養改善能力。加藤說，光是一個工程，員工們就以每天一件、一年二百件的速度，向「創意功夫」制度提出改善方案。可見得就算以前努力改善，可改善的部分還是永無止境。

某品管圈的團隊為了從顧客的視角找尋提高品質的想法，於是走出公司，前往TOYOTA的販賣據點實際訪談。

在那裡聽到某位業務的心聲。

「在客戶面前關上Lexus的引擎蓋時，覺得聲音太大。Lexus有很多優點，如果聲音的問題可以改善，就是一款更能夠介紹給客戶的車子。」

於是，團隊立即著手研究Lexus競爭車款的其他高級車，發現關閉引擎蓋時，真的沒有什麼聲音。

由於這個緣故，員工嘗試改善Lexus引擎蓋的關閉聲音，更提高了這個車款的質感。這次的合作在TOYOTA公司內部的品管圈大會中受到讚賞。

就像這樣，TOYOTA一直都站在工作現場或顧客的各種角度進行改善。除了現場或顧客之外，如果以其他部門的角度來看，也能看到整體樣貌。

你的工作或辦公室也一樣，在各處藏著許多應該改善的浪費與問題。從各個角度仔細查看一件工作，應該就會看出許多改善的重點。

LECTURE

31 區分「作業」與「浪費」

簡單說，所謂改善就是消除「浪費」。那麼，什麼樣的情況又算是浪費呢？

TOYOTA認為，浪費就是「不會提高附加價值的現象或結果」。如果是在製造現場，就是「不會產生附加價值，只會提高成本的生產要素」。

作業員的動作裡也潛藏著浪費。作業時不需要的動作就屬於浪費，例如：沒有工作的空窗期、重複搬運或是換手拿工具等。由於浪費必須馬上處理，所以改善基本上就要從消除這些浪費開始做起。

不過，乍看會產生價值的「作業」中，也藏著意想不到的浪費。

作業分成兩種，分別是會提高附加價值的「實際作業」與沒有附加價值的「附屬作業」。

加工材料或製品、組裝零件等「實際作業」就可以稱得上是生產。

另一方面，附屬作業就是解開零件的捆包、取零件等作業。在目前的作業條件下不得不做的作業，所以若想要消除這項作業，就必須改變作業條件。如果下功夫研究，就能夠將此作業視為浪費而消除。

就像這樣，人的動作當中包含了「實際作業」、「附屬作業」與「浪費」。

消除浪費當然是應該的，如果能夠把附屬作業視為浪費並且加以改善，也會發現在實際作業中潛藏著沒有察覺到的浪費。

在TOYOTA公司裡，要求員工徹底找出這樣的浪費並且消除。

∨把工作區分為「實際作業」、「附屬作業」與「無用浪費」

請試著觀察你自己的工作吧。

產生價值的實際作業，到底有多少呢？

例如，製作企畫書時，面對電腦寫企畫案的作業可以說是「實際作業」；為了寫

區分「作業」與「浪費」

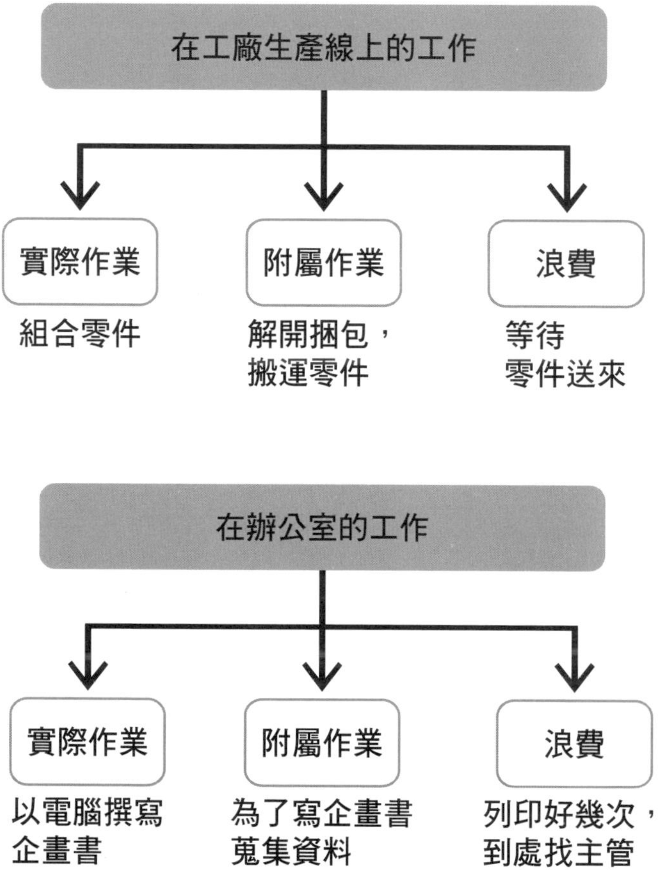
在工廠生產線上的工作
實際作業
組合零件
附屬作業
解開捆包，
搬運零件
浪費
等待
零件送來
在辦公室的工作
實際作業
以電腦撰寫
企畫書
附屬作業
為了寫企畫書
蒐集資料
浪費
列印好幾次，
到處找主管

企畫內容而蒐集資訊就是「附屬作業」；發現企畫書內容有誤而重複列印，或是為了確認內容而到處找主管，這就是「無用浪費」。

「附屬作業」裡也會潛藏著浪費。例如，閱讀不相干的資料應該立即停止，另外蒐集資訊的方法中，或許還有其他更不造成浪費的做法。

自問「為什麼要做這件事？」把自己的工作區分為「作業」與「無用浪費」，更進一步試著把作業分解為「實際作業」與「附屬作業」。像這樣客觀看待自己的工作，就會看見應該改善的浪費了。

LECTURE 32

找出七種「浪費」

不曾進行改善的人無法輕易地意識到浪費。由於以往的做法都視為理所當然，所以就看不見浪費。

指導師在指導的企業中教導改善的做法時，會從各種觀點給予提示，幫助對方發現工作現場的浪費。

發現浪費的觀點之一，就是所謂的「七種浪費」，這也可以說是TOYOTA改善中，最具代表性的觀點。以下就讓我們來一起學習吧。

❶過量生產造成的浪費

製造必要以上的數量或是過早生產都是浪費。如果製造賣不出去的產品，那就造成浪費。辦公室的工作也是一樣。例如製作商品手冊時，除了主要產品之外，連一年只能賣一次的產品也特地花功夫印製商品手冊，這就是過量生產的浪費。

❷空窗期造成的浪費

作業員就算想做下一個作業也無法進行，暫時處於無事可做的狀態；若是辦公室的工作，等待其他部門提供資訊的時間就是浪費。

❸搬運造成的浪費

搬運是提高成本的主要原因之一。不會產生附加價值，只會提高成本的搬運並不會提高產品價值。藉由改善產品的擺放方式減少搬運，就能夠消除浪費。

如果是辦公室工作，不斷請主管們用印或是為了拿取資料而在辦公室裡來來去去，都可說是搬運上的浪費。

❹加工造成的浪費

對於生產或品質毫無貢獻的不必要加工。辦公室工作就是指在簡報資料上費心製作沒有必要的動畫設計等。

❺庫存造成的浪費

倉庫裡堆放超乎需求的材料、半成品、製成品。存放庫存的場地會產生成本，而且庫存品本身也會因為劣化而產生損失。若是辦公室的話，就是訂購、保存大量的備品或影印紙等。

❻動作造成的浪費

不產生附加價值的動作，例如無謂的行動、走動或耗力的姿勢等，都屬於動作的浪費。由於櫃子內部的整理・整頓不完全的緣故，導致舊資料放在眼前，而每天使用的資料卻擺放在櫃子深處而難以拿取，這種情況就會產生動作的浪費。

❼瑕疵．重做造成的浪費

指生產必須丟棄的不良品或需要重做的產品。若是辦公室的話，不良品就是指沒有仔細檢查，導致列印後發現錯誤的資料。

希望各位不要誤會，並不是「所有的浪費都能夠分類為七種浪費」。再怎麼說，這只是容易發現浪費的觀點之一而已。

指導師村上富造說：「一旦鎖定這些項目仔細觀察，就容易發現浪費。」

在指導的公司裡，就算一開始要求對方找出問題，全公司上上下下頂多也只能發現五、六個問題。然而，如果鎖定某個特定項目深入探究，例如「請找出地震時可能會倒塌的物品」、「請找出可能會因為一個震動就掉下來的物品」，就找得到二、三十個問題點。

這種方法稱為「項目觀察」。鎖定「七種浪費」的各個項目，並觀察職場或自己的工作，這樣就容易找到其中的浪費了。

LECTURE

33

「分割」工作再篩選出改善點

指導師高木新治說：「發現改善點並不容易。」

例如，有人問你：「用原子筆寫字時，你是怎麼握筆的？」你會怎麼回答呢？

你可能會說：「就像『一般人』那樣啊。」因為從小就是那樣握筆的，所以也視為理所當然。

改善亦同。從以前開始就是用這樣的方法做事，所以根本不知道自己哪裡做得不好。

若想找出改善點，詳細「分割」觀察視角是很有效的做法。

例如，說明握筆的方式時，可以「分割」說明，例如拇指在這個位置，食指要放在這個位置，手握在筆尖以上一點五公分的地方，握筆的角度要傾斜七十五度等。

這時，如果要讓書寫更流暢，可以想出幾個改善的方法，例如手指握在筆尖上方一公分的位置，握筆角度傾斜八十五度等。

透過「分割」看待作業，就容易察覺浪費或想到更有效的做法。

指導師原田敏男指出，他指導日本企業位於泰國的子公司改善方法時，也是教他們「分割」作業，掌握改善的訣竅。

在泰國工廠裡，都是一些沒聽過TOYOTA生產方式的年輕人們。指導師教導這些還不懂改善基礎觀念的員工們做的，就是縮短更改設定的時間（啟動生產線之前的準備工作）。

首先，讓員工們實際觀察更改設定的作業，同時寫下如果仔細分割的話，可分成哪些作業，結果員工們列出了一百項作業。

不過，他們還是不知道要從哪裡著手改善，所以就提點他們：「想想每個動作是否能夠減少一半的時間完成？」結果，員工們就不斷想出好方法。從中選出約三十個可能實現的方法並且落實執行，最終更改設定的時間縮短為原來的三分之一。

V分割「業務流程」後，看到浪費的作業

像這樣分割工作進行改善的方法，也能夠應用在辦公室裡。

例如業務員，就算你要求業務員「找出業務工作上的浪費」，對方也毫無頭緒，不知該從何著手。這時就可把業務流程分割成「與客戶約見面」、「事先製作企畫書」、「洽談」、「簽約」、「後續追蹤」等。

每一個項目都必須再分割為更細的作業。

如果是「與客戶約見面」，又能夠分為「電話聯絡」、「直接登門拜訪」以及「顧客利用ＤＭ主動聯絡」。

像這樣分割工作後，就容易發現應改善的部分，例如「電話溝通技巧要再加強」、「應研究約見面的有效時段」、「ＤＭ的文字表現應更引人注意」。

當然，就算是會計、行政等工作也一樣，如果詳細分割，也都找得到浪費或可改善的地方。

分割工作，找出應改善的部分

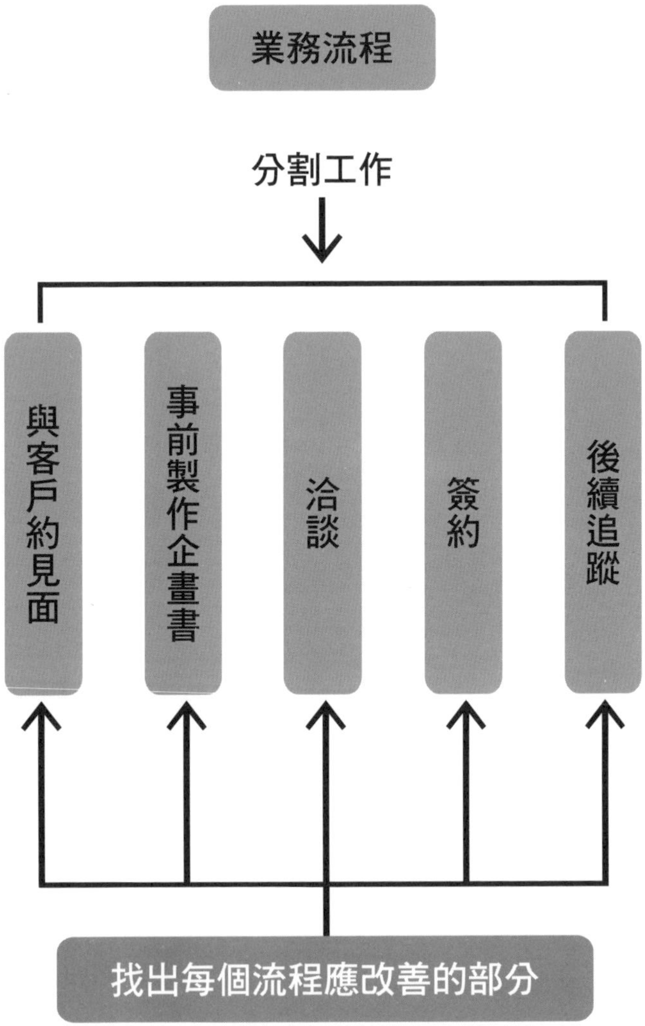

LECTURE

34

為了「變得輕鬆」而改善

沒做過改善的人多半對這項作業抱持著「改善很痛苦」、「改善好麻煩」的印象。因為改變已經習慣的作業，任誰都會感到徬徨、不安。

指導師所指導的對象中，也有許多人對於改善表示厭惡。指導師村上富造指出，在那樣的現場進行指導時，首先要說明清楚，並且讓對方確實明白「改善會讓員工變得更輕鬆」。

例如，假設在製造現場拿取零件，來回要花十六秒鐘。在來往的路程中，必須繞路以避開一個大型工作台。

以這個案例來說，就應該移開阻礙通道的工作台，這麼一來，拿取零件的來往時間就會縮短為四秒鐘。

親身體驗這個改變的作業員很開心地表示「真的變輕鬆了」。

另外，節省下來的十二秒非同小可。如果一天重複相同行動三十次，一個月就累積一二〇分鐘（＝十二秒×三十次×二十天），一年下來就可以省下二十四小時（＝一二〇分鐘×十二個月）的浪費時間了。

這樣的改善對於作業員而言都是有好處的。一旦理解這點，內心自然就會產生想改善的心情。

現場的作業員為了不延遲生產線的進度，所以一直拚命工作。不過，如果仔細觀察他們的動作，就會發現有人以不自然的姿勢作業，或是有人需要到遠處去拿零件等狀況。

作業員跑來跑去，身體做出無謂的動作等，都是耗費時間的辛苦作業，只要透過改善就會變得輕鬆。

例如，「轉身向後就拿得到零件，而不用離開生產線」、「設置一個不用彎腰，站著就可以拿零件的零件集中區」等方法。

這些作業員「勉強做」的部分就是改善的寶庫。

TOYOTA的生產現場總是不斷強調要根除「浪費」、「不均衡」、「勉強」等三種狀況。

V根除「浪費」、「不均衡」、「勉強」

如前所述，所謂「浪費」就是「不會提高附加價值的現象或結果」。

「不均衡」就是產品或零件的生產計畫與生產數量不一致，暫時性地增減。工作量不固定，無法進行有效率的生產。

所謂「勉強」，指身心負荷過大（以機器設備面來說，就是帶給機器超額的負荷）。

例如，要把許多排好的椅子搬到其他房間時，因為一次搬兩張椅子而導致椅腳在地面上拖行或椅背撞到牆壁等，這就是「勉強」行事。

辦公室工作也一樣，如果把重點放在勉強做的部分，就比較容易發現應該改善的地方。

例如，如果把工作集中給某些特定的員工或部門做，就會出現加班現象。

如果採取因應對策，把一部分工作分給其他部門做或增加人手等，員工應該就可以變得非常「輕鬆」才對。

另外，長時間使用電腦工作導致肩頸痠痛、眼睛疲勞，就要在電腦螢幕上加裝液晶保護膜保護眼睛，或是戴上電腦族專用的抗藍光眼鏡等加以改善。

或許每個改善部分都很小，但透過改善把勉強變輕鬆，工作效率就會提高。

LECTURE

35
學會「偷懶」

被要求「提出改善方案」時，或許有人會以為必須提出什麼特別的構想才行。

某位指導師說他在TOYOTA擔任管理職時，如果知道年輕作業員有這種想法，就會告訴他們「偶爾也要學會偷懶」。

「對於總是無法加入『創意功夫』的員工，為了激發他們的幹勁，我就會這樣對他們說。加入創意功夫的意義在於思考一些讓大家輕鬆工作的方法。有時候工作上覺得麻煩，想要取巧的時候，創意的幼苗就會在腦中萌芽，通常改善也就由此而生。」

你每天投入的工作中，總會有幾件覺得「很麻煩」的事情吧。

雖然是每天該做的作業，但總是嫌麻煩而無心處理，那樣的作業就有改善的空間。

舉例來說，電子郵件的內容一定免不了要寫這句「感謝您一直以來的照顧，我是○○公司的ＸＸ。」如果覺得每次都要打這句話很麻煩，就要試著想一個可以去除這個麻煩的方法。

又或者直接設定簽名檔會自動顯示「感謝您一直以來的照顧，我是○○公司的ＸＸ。」這樣也能節省打字的時間。

或許這是一個小小的改善，不過這可是一年要輸入無數次的句子，整體來看就是個大改善了。

就像這樣，著眼於每天工作中覺得麻煩的部分，以「偷懶」的心態想出改善的對策。這樣就很容易找出與改善相關的課題了。

LECTURE

36 畫一個圓站在其中

關於找出改善浪費的觀察視角，有一個稱為「定點觀察」的方法。

指導師堤喜代志在TOYOTA擔任班長時，曾經受教於一位被稱為大野耐一親信人物的鈴村喜久男。

有一天，鈴村來到堤的工作現場，冷不防地就在工廠裡以粉筆畫出一個直徑一公尺的圓，然後要求堤：「站在這裡面看著現場，三十分鐘內不准動。」

堤一開始心想：「為什麼要這麼做呢？」不過，站了一會兒之後，不可思議地竟然看到一些問題點，例如「那邊的位置不好活動」、「那個人看起來好像忙著工作，其實都沒有在做重要的事」、「那件工作可以不用現在做」。堤說那時他察覺到「因為自己也在活動著，所以看不到這些問題」。

正因為靜止不動、冷靜地定點觀察，所以才看得見浪費的動作。

指導師村上富造也提到，在指導的工廠裡傳授這個訣竅給缺乏改善經驗的作業員時，把他們帶到可看到整個工作現場的二樓，讓他們仔細觀察現場的作業情況。

「如果一直俯瞰現場就會發現一些狀況，例如『那個人移動時，每次都要跨過設備』。這麼一來，就可以思考改善對策，把設備移往其他地方或是另闢一條通路等。讓作業員觀察為什麼有人會做出那樣的行動，有時也讓他們詢問現場的作業員：『為什麼你移動時會跨過設備？』如此便能看見應該改善的地方。」

另外，停駐在一個定點，擷取現場的部分光景，這麼做也能看到某種傾向。

例如，放眼望去總共看到十個人，其中正在進行加工等「實際作業」的有三人，進行解開零件捆包、操作按鈕等「附屬作業」的也有三人，走路去拿零件的有三人，最後不知道在做什麼的有一人。

辦公室的工作也是一樣。如果站在某處觀察辦公室，就會看到作業的浪費。例如不斷來往座位與印表機的人。去拿列印資料的時間就是所謂的附屬作業。說起來，如果坐下來討論有沒有必要去拿列印的文件、能不能一併拿取等，並且針對這點進行改善，就能省去那個人作業時間的浪費，說不定還能刪減影印紙的用量而降低成本。

像這樣把焦點放在無法產生價值的行動上，就很容易看出哪些行動會造成浪費了。

LECTURE

37 注意有「髒汙」的地方

「有髒汙的地方潛藏著應該改善的問題。」說這句話的是指導師山口悅次。

家中的冰箱就是一個很好的例子。冰箱裡面的東西擺得亂七八糟，醬油等調味料流出來弄髒的冰箱內部，塞滿了已經過了保存期限的食材。如果不清楚冰箱裡放了些什麼東西，就會買一些不必要的食材回家。

工廠的設備亦同。如果機器因為機油而產生髒汙，就有發生漏油的可能性；如果不清理材料的碎屑，碎屑就會進入機器的縫隙，可能導致機器故障。

如果是辦公室的話，辦公桌上堆滿了文件。堆積如山的文件就是堆積如山的問題。

特別是如果文件上都還布滿灰塵，表示有好一陣子都沒有碰過這些文件了。工作處理延宕會影響後工程的進度，也會造成後續更大的問題。

山口說：「看一個人如何處理文件，就能推測此人的工作態度是否有問題。」

「拜訪某家公司時，發現員工隨意擺放設計圖，而且設計圖的一角還折到，也被泥汙弄髒。設計圖可說是整件工作的基礎，也是最重要的『寶物』。或許這話說得比較誇張，不過如果圖面弄髒看不清楚，有可能把數字『8』看成『3』，導致嚴重的後果也說不定。」

不只是文件，電腦儲存的內容也一樣。有好一陣子沒有開啟的檔案擱置不理，或是檔案沒有分類歸納在資料夾內，無法一眼看出哪些資訊放在哪裡等，這些狀況都有可能潛藏著或大或小的問題。

LECTURE

38

忙碌的人就是有問題的人

走路速度快的地方或是有人忙碌的地方，就是有很多問題未被挖掘的地方。

指導師加藤由昭說：「工作能力好不好，看工作的樣子就知道。」

能力好的人會悠閒且流暢地作業。感覺身體的軸心不會晃動，只以手部動作。

相反地，能力差的人就會大幅度地晃動身體，看起來忙碌而汗流浹背地作業。

乍看後者是努力工作的人，不過其實你看到的是許多浪費的動作。有能力的人沒有無謂的動作，能夠高效率完成作業，所以身體不用做太多動作就能輕鬆工作。

∨平淡地工作證明工作安排穩當

TOYOTA裡流傳著這麼一段故事。

某切割工程的組長對工長訴苦：「有人總是在5S時間抽菸，請設法處理。」據說，工長反而斥責這個組長。

「他們工作的地方有垃圾或零件掉滿地嗎？有油汙流到地上嗎？他們總是保持乾淨整潔不是嗎？能這樣悠閒，不就證明他們平常就已經做好5S的基本工嗎？」

平常工作時就沒有無謂的浪費，這種人看起來就是很平淡地在工作。

另一方面，無法做到這點的人，看起來總是劈里啪啦地忙碌著。頻繁地接電話、好像很忙的人，或許就是平常的安排或聯絡沒做好的結果。

請環顧你的辦公室吧。

快步走、加班的人，應該都有不得不這麼做的問題。有人一直加班，工作成果卻不盡滿意；另一方面，也有人總是快速完成工作準時下班，又能獲得確實的成果。

在這些地方都沉睡著一些應該改善的浪費。

LECTURE

39 把自己的工作「具象化」

在TOYOTA公司裡，找尋浪費或問題時，經常會利用錄影的方式記錄作業或工作場所的狀況。

因為透過客觀的角度看待自己的工作狀況，就很容易發現浪費或問題。

加藤由昭負責某醫院的改善工程時，建議以錄影的方式記錄醫師與護理師的工作狀態。

結果所有員工一起看影片時，都看出以往不曾意識到的浪費。例如「護理師的動作不固定，會受人影響而變得慌亂」、「護理師與助理的職務分別不夠明確」等。

後來，該醫院便為了護理師與助理制訂操作手冊（作業標準手冊），以期達到工作標準化，並且清楚確認護理師與助理的工作分配。

這樣處理之後，護理師的工作效率變高。據說一天能完成的檢查數量增加了十%，超時工作的情況也減少了五十%。

客觀觀察工作的意義在於，如果借助完全不同部門的人或外部的人的視角，就容易發現問題。總之，就是利用他人的視角把自己的工作「具象化」。

人一旦習慣平常的業務，就會把目前做的工作視為理所當然，即便發生問題也難以察覺。

不過，新進人員或從其他部門調來的人經常會產生疑問，「為什麼要做這麼麻煩的事情呢？」「這個作業有什麼意義嗎？」

指導師柴田毅說：「把改善的成果視覺化，就能做更進一步的改善。」

柴田說，他指導5S的某企業，利用公司內部的網路公開了改善的案例與相片。

「由於公開了改善案例的前．後差別，所以能明顯看出改善的效果，這使得員工留下深刻的印象。

更重要的是，看到改善案例的人還到施行改善的部門，稱讚他們『做得好！』改善者獲得他人認同會覺得開心而想做更多改善。其他部門也會受影響：『我們部門也來試試看吧！』」

把改善成功的案例具象化，便能藉此產生積極前進的良性循環。

LECTURE
40
不隱藏「小危機」

「走在辦公室裡，差點被散落在地上的網路線絆倒。」

「拿東西時，被其他東西擋著而搆不到。」

「可能會導致重大災害的小危機一定要報告，千萬不可隱瞞。」在TOYOTA公司裡，這句話經常被大家拿來互相提醒。

所謂「小危機」，指的是工作現場中會讓你感到驚嚇、冒冷汗的失誤。雖然還不至於引發大事件，卻讓你覺得有可能會因此而發生大事故．災害．傷害等情況。

舉例來說，假設馬達上有固定的懸吊螺絲。在把馬達往上懸吊固定時，懸吊螺絲鬆脫，導致馬達掉落，不過，掉到地上的距離只有五公分而已。

因為掉到地上的距離只有五公分，所以一般人總是認為重新把螺絲鎖緊，使之不再鬆脫就好，不用特別往上呈報。

不過，在ＴＯＹＯＴＡ裡，這種有驚無險的過失就會立即發布到全公司，然後全公司就會展開「全面檢查所有工廠的懸吊螺絲是否鎖緊」的行動。這就稱為「橫向展開」（詳細請參考Ｐ３６３）。

就像這樣，微小的小危機要立即呈報，並且進行全面性的改善。透過這樣的做法，就能預防重大事故與問題的發生。

∨客戶的些微不滿也是改善的線索

說到業務現場的小危機，大概就是來自顧客的客訴吧。

雖說是客訴，有的是激發顧客怒氣的問題，也有的只是顧客的小小請求。

「如果有這種功能就好囉。」

「跟其他公司的產品相比，這一點有些不方便。」

「如果售後服務更完整就更好了。」

就像這樣，客戶無意中說出口的期盼，如果業務員不認真看待就會被忽略了。然而，這類微小的不滿會被放大，很可能成為更嚴重的客訴，也可能會以銷售量減少的形式造成影響。

在TOYOTA裡，那些有驚無險的經驗案例都會被整理成「小危機報告書」並且上呈主管。

業務也是一樣，例如把客戶說出口的期望或抱怨記錄在業務日誌上，與主管、同事共享，藉此改善商品與服務內容，這樣就能預防更嚴重的問題或失誤發生。

LECTURE

41 決定「標準」

TOYOTA公司有一種「標準」的概念。

標準指的是各項作業的做法或條件，作業員依據此標準完成工作。簡單來說，標準就是事先制訂一個「我們大家都這麼做」的決定。

具體來說，「標準手冊」分為作業要領手冊、作業指導手冊、品質檢查要領手冊、刀剪更換作業要領手冊等，各種類別都有。

這些都是從各個工作場所中一點一滴累積而成的紀錄，可說是總結現場智慧的指導手冊。

舉例來說，在鎖緊某零件的螺絲時，就算你教作業員「鎖緊一點」，「鎖緊」的解釋與手感也會因人而異，這樣就有可能造成螺絲鬆脫。

不過，只要決定一個「要鎖到聽到喀嗒聲」的標準之後，則任何人都能鎖得同樣牢固。

所謂標準就是「任何人來做都能得到相同結果的機制」。

TOYOTA公司裡，各種作業都制訂了這樣的標準。

正因有這樣的標準，所以作業與品質都能維持在一定的水準。同時主管教導部下或新進人員時，也無需每個人都教好幾次，因為部下只要自己閱讀標準手冊，在某種程度上就能自行判斷。

一旦有了這樣的標準，什麼是浪費、什麼是必須改善的情況就變得很明確了。另外，一眼就可辨別何種狀態屬於異常，也能判斷改善之後，做得比標準更好或更差。

例如，某項工程的標準是「庫存三十個以下」，如果能維持在標準的一半，也就是十五個，那就可說是非常了不起的改善了。

V「標準」與手冊是兩回事

各位千萬不要誤會，TOYOTA的「標準」並非所謂的「手冊」。手冊不承認現場的變動，不過標準則可以容許現場的改善。如果透過改善可以達到更好的標準，則改善後的標準就會成為作業員遵守的新標準。

據說某位指導師指導的公司經營者曾經聲稱：「我最討厭標準化了。」他的說法是：「一旦建立標準，就會培養出不思考的員工。」這位經營者就是把手冊與標準混為一談了。確實，如果有手冊，員工可能就不會用自己的腦袋思考；不過，標準是以不斷追求進步為前提，運用智慧，以更好的標準為目標前進。

如果沒有標準，就沒辦法判斷改得更好或更差，有標準才有判斷的基準。每天透過現場工作人員改寫、進化，這就是標準的特徵。

任何工作都應該有「這樣做就能做得安全、做得正確，也做得有效率」的標準。

例如，企畫書與報告書的格式可以說是一種標準，職場上共同的業務流程本身也可視為標準。

腦中意識著標準做事，藉此便可發揮把工作做得更好的改善意識。

請重新思考自己每天工作的標準吧。

「標準」是能改寫的

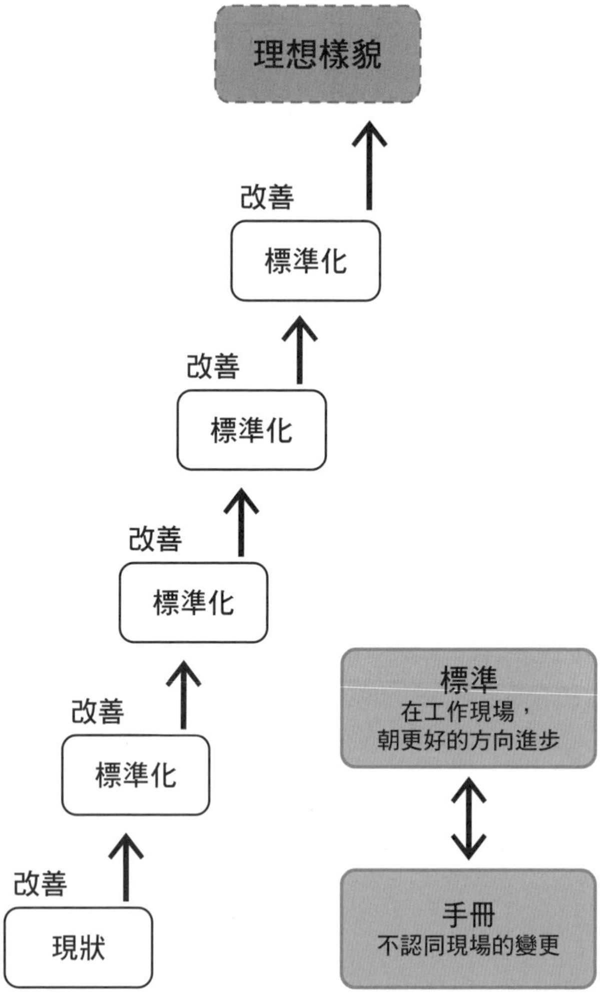

理想樣貌
改善
標準化
改善
標準化
改善
標準化
改善
標準化
改善
現狀
標準
在工作現場，
朝更好的方向進步
手冊
不認同現場的變更

LECTURE

42

探究「真正原因」

必須改善的是造成浪費或問題的原因。能夠去除這個原因之後，才能真正做到改善。然而，職場上經常發生雖然已經排除原因，但同樣的浪費與問題卻再度發生。

例如，辦公室發生印表機故障的問題。仔細研究後發現原來是卡紙造成的。這時，只要去除卡紙，印表機就能再度運作。乍看問題像是解決了。

但過了一陣子又再度卡紙造成印表機故障，而且卡紙的問題依舊不斷發生……

最後，因為無法自行解決，只好聯絡印表機廠商來處理。仔細調查後，發現問題出在影印紙上。由於影印紙帶有濕氣，使得紙張互相沾黏，導致捲軸無法順利送紙。

真正的原因其實是影印紙被存放在容易結露的窗邊。

TOYOTA將問題的原因分為兩類並進行改善。

分別是「主要原因」與「真正原因」。

「主要原因」就是發生某個問題的理由。如果只處理這個原因，問題會再度發生，因為這只是表面的原因。

「真正原因」就是問題發生的最根本原因。如果對此原因擬定正確對策，問題就不會再度發生。

TOYOTA執行改善時，不會只處理表面的「主要原因」，而是以除去「真正原因」為目標。

∨將「真正原因」置之不理會再度發生相同問題

指導師鵜飼憲說：「只要不除去真正原因，同樣的浪費或問題就會不斷重複出現，無法防止問題再度發生。」

鵜飼憲在指導某家食品公司進行改善時，發生這樣的事情。

工廠內某台製造食品的機器的前端零件折斷。這時，工廠負責人指示部下：「我們有零件的備品，快去換新的零件。」

聽到工廠負責人的處理方式，鵜飼說：「請等一下。這麼做無法徹底解決問題。」並要求工廠負責人找出真正的原因。

仔細詢問之下才發現，以往也曾經發生過好幾次零件折斷的問題。顯然如果只是更換零件備品，問題還是會再度發生。

仔細調查後才知道，清洗零件時，零件會撞到清洗機器的某個部位。也更進一步地了解到，因為機器的可動範圍大，零件會撞到本來不應該撞到的地方。判斷零件折斷的理由後者的因素較大，所以馬上聯絡設備廠商前來修改機器的設定。

以這次的案例來看，改變機器設定才能說是完成了改善步驟。

將真正原因擱置不理的改善，同樣的問題會不斷重複發生。

出現錯誤的地鼠，打，接著出現其他地鼠，打……不斷打地鼠的過程中，最先出現的地鼠又再度出現。做這樣的工作只是浪費時間而已。

你的工作是不是也像打地鼠一樣呢？

好不容易處理掉辦公桌上雜亂無章的無用文件，如果沒有設定整頓文件的方法或規則，無用的文件又會再度堆滿辦公桌。

對於客訴一味地賠罪，如果沒有找出客訴的根本原因，那只會一直忙於應付相同客訴而已。

所謂的改善，就是思考不用打地鼠就可解決問題的方法。

LECTURE

43

「事前準備」更勝「事後諸葛」

TOYOTA的工作現場流傳著一句話：「事前準備更勝事後諸葛。」

趁早擬定因應對策，在問題還不嚴重時就先行解決。如果等問題發生才處理，要應付的事情會變多，但如果在問題發生前就先處理，只要一個辦法就能解決。

總之，這句話充分說出事前準備的重要性。

指導師中野勝雄在指導的工廠中，因為發生了一件事而更深刻了解「事前準備更勝事後諸葛」的重要性。

該工廠內放了一個沖床機，不過周圍沒有設置安全柵欄。如果作業員的手被機器夾住，就會引發重大事故。

「為什麼不設置安全柵欄呢？」詢問之下才知道，「因為以前不曾發生（作業員的手被夾住的）事故。」

人總是會在無意識中做出像是把手伸進沖床機等意料之外的行動。假如沒有安全柵欄防護，就無法預防這樣的行動，作業員就會受到重大傷害。

因此，中野提出「事前準備更勝事後諸葛」這句話，並與工廠負責人商量，說服現場人員設置安全柵欄。

∨把失敗記錄在記事本上

那麼，要如何才能適當採取「事前準備」呢？

某位指導師說：「善加運用過去失敗的經驗就可以了。」

那位指導師說，他建立新的生產線時，會盡可能地運用以往在TOYOTA時的失敗經驗。調查過去作業員發生受傷的案例、產出不良品的案例，全面性地預防那些情況發生。

特別注意的是安全與品質。「絕對不讓作業員受傷」、「不製造不良品」、「不把不良品傳到後工程」等，為了建立這些機制，善加運用過去的經驗是有效的做法。

若想做到這點，最重要的就是把失敗原因、從失敗中學到什麼教訓等內容都記錄下來。

某位指導師說他在TOYOTA時，將工作現場發生的失敗，以及從失敗中學到的教訓等都記錄在筆記本裡。在TOYOTA公司裡，許多人都會把失敗記錄下來。

只要是工作，每天幾乎都會發生一些問題。問題是在哪種情況發生的？採取什麼對策解決？連同他人的問題也都要確實記錄下來。

不斷持續記錄後，「失敗」就成為珍貴的資產，也就能夠適當地採取「事前準備」了。

CHAPTER

4

解決問題力

任何環境都能克服的TOYOTA「解決問題力」

「工作應該是自己發現的，
而不是別人幫你找的。」
——豐田自動織布機發明人．豐田佐吉

LECTURE

44

了解「理想樣貌」與「現狀」之間的差距

「理想樣貌」與「現狀」之間的差距。

這就是TOYOTA對於「問題」的定義。

所謂「理想樣貌」，具體來說就是指目標、基準或標準。

解決問題就要從意識這些開始做起。

舉例來說，為了製造某產品所花費的前置時間（Lead Time）目標訂為一二〇分鐘，現狀則是花了一三〇分鐘。

這一二〇分鐘與一三〇分鐘的差距就是必須處理的問題。

假如身為業務員的你，每個月的業績目標是八百萬日圓，但你卻只能達到五百萬日圓，這中間的差距也是必須解決的問題。

TOYOTA經常使用前述的「標準」一詞。所謂「標準」就是現在這個時間點最好的做法或條件，員工則根據此標準來工作。

假使無法達到這個「標準」，就必須再度將其視為問題，重新解決。

如果腦中沒有意識到目標、基準或是標準又會如何呢？

如果腦中沒有意識到前置時間的目標、業績目標或標準，就無法知道自己的現狀並沒有達到目標或標準。這樣就可能會滿足於「自己已經很努力」的現狀。

沒有意識到目標、基準或是標準等「理想樣貌」，就看不見問題。

你的工作應該也有目標或標準才對。

或許是業績目標，也或許是能做到一定水準的工作。

請先從設定「理想樣貌」開始做起吧。

此外，透過與現狀的比較，就會看到應解決的問題。

∨設定當事者「理解」的理想樣貌

只不過，如果是要解決問題的當事者無法理解、無法認同的理想樣貌，那就只是單純地畫大餅而已。

理想樣貌會因為價值觀、經驗值以及立場的不同而產生個人差異。

舉例來說，對於某公司社長而言，就算設定的理想樣貌是「（雖然現在是小公司，不過總有一天）希望公司的業績成長為業界第一」，但對於該公司的業務員而言，腦中的理想樣貌或許是「與客戶建立良好關係，讓客戶開心」。

「理想樣貌」與「期待的樣貌」是兩回事。「如果能這樣的話就好囉」像這種無法實現的願望層級，最後還是無法執行。至少對第一線的業務員而言，「希望公司的業績成長為業界第一」只是「期待的樣貌」而已。

因立場、部門與經驗的不同，「理想樣貌」也各有差異時，原則上要思考每個人能力範圍內的「理想樣貌」，因為一般來說，超過自己能力的課題會被擱置不理而無法獲得解決。

區區一個業務員就算聽到「希望公司的業績成長為業界第一」，也只會產生無力感而已。

指導師山口悅次說：「描繪理想樣貌之際，最重要的就是連結公司、部門的任務與員工個人的想法。」

例如，如果公司的理想樣貌是「希望公司的業績成長為業界第一」，就要連結業務員個人的想法，「與客戶建立良好關係，讓客戶開心」。假設把理想樣貌改為「既有客戶的業績增加二十%」，則業務員能夠認同，業績就有可能成長。

就像這樣，改變對自己而言最切身的表現，同時也能藉此朝向部門的「理想樣貌」努力。

LECTURE

45

問題分成「發生型」與「設定型」兩種

TOYOTA把問題大致分為兩類。

❶發生型問題
❷設定型問題

❶發生型問題指的是昨天發生的問題、今天發生的問題，或是長期性每天感到困擾的問題，或者也可以說是沒有達到既存的「理想樣貌」的問題。

以辦公室來說，「文件確認經常發現錯誤」、「業務員的訪問件數不足」、「顧客的客訴持續增加」、「來不及交件」、「辦公桌周邊髒亂，找不到文件」等，就是發生型問題。

發生型問題就是現狀為負分狀態，必須解決問題以回到零的狀態。

更進一步來說，透過第二章、第三章介紹的「5S」、「改善」所處理的大部分問題，都可歸類於發生型問題。

另一方面，❷設定型問題就是今後半年到三年這段期間內可預見的，必須解決的問題。

本章主要是針對❷設定型問題的解決方法進行說明。

解決設定型問題時，現狀雖然已經滿足「理想樣貌」的標準，不過重點是還要重新設定更高次元的「理想樣貌」，故意製造差距（問題）。

例如以下的案例就是解決設定型問題的做法。

- 雖然現在不良率滿足四％的標準，不過目標是一年後要把不良率降到一％。
- 已經達成八百萬日圓的業績目標，一年後要以一千萬日圓為目標。

・雖然目前沒有什麼問題，但為了日後錄取的新進員工，有必要事先充實公司內部的研習制度。

・三年後有許多員工屆臨退休，所以要增加員工的錄取人數。

・預估兩年後消費稅將會調漲，先擬定銷售策略。

∨解決問題能力是「最後的匠師技藝」

在TOYOTA裡，剛進公司的新人都會以解決發生型問題為主，而進入累積經驗的中堅主管階段之後，就必須具備自己設定問題並且解決設定型問題的能力。

指導師谷勝美說：「解決問題的能力可說是殘存在工作現場的『最後的匠師技藝』。」

在現今自動化發展的時代，曾被譽為「匠師技藝」的知識技術或技能都逐漸被自動化取代。因此，如果自己也糊里糊塗的，就會淪為只是接受指令完成工作的「作業員」而已。

發生型問題與設定型問題

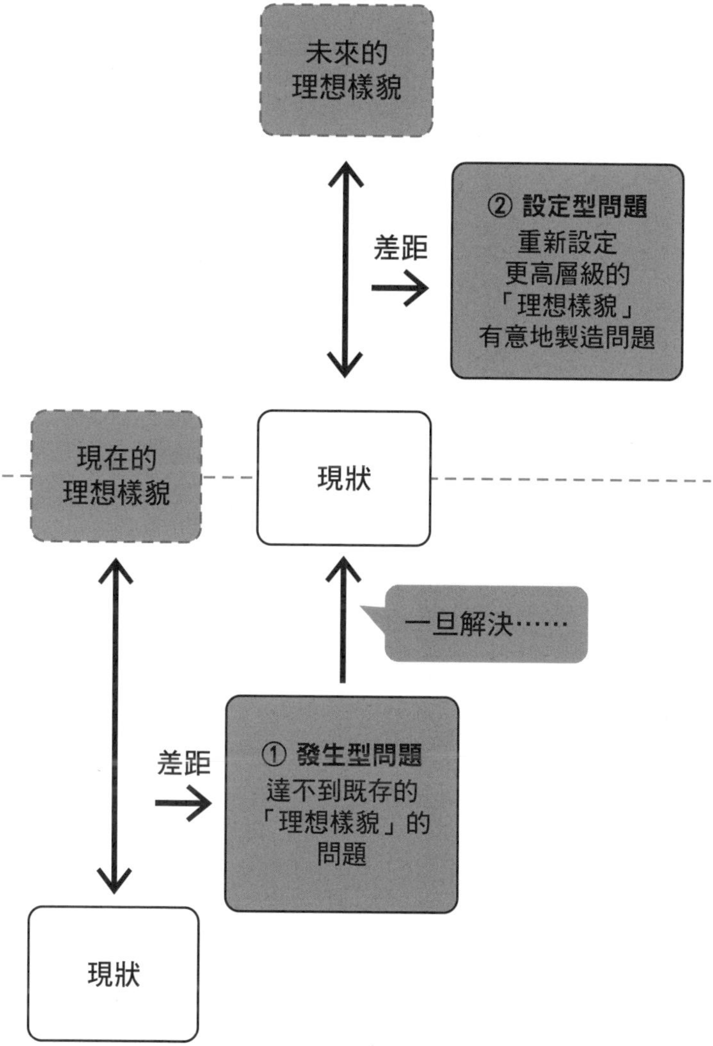

不過，就算自動化不斷進展，但絕對無法機器化的是「自己設定問題並解決問題的技術」。

這個概念不是只套用在製造產品的工作現場而已。

無論是業務、服務、企畫研發等各種工作場合，都需要解決問題的技能。

如果你是業務員，面對顧客年齡層偏年輕的現狀，你就要自己設定「理想樣貌」，例如「三年之內，三、四十歲顧客要增加五十％」；如果你是研發人員，就可以設定「理想樣貌」為「運用新的○○技術研發可提升五十％能源效率的產品」。

另外，在辦公室工作的文書工作也是相同的概念。

例如，若想要達成「想減少加班時數」的「理想樣貌」，則把原來一次次個別列印的傳票改為統一列印，這樣就可縮短作業時間，達到減少加班時數的目標。

解決問題能力是所有上班族都應該具備的能力。

LECTURE

46

利用「願景指向型問題」發起改革

設定型問題其實還有另一種類型。

也就是「願景指向型問題」（現在TOYOTA稱為「目標指向型問題」）。

設定型問題是半年至三年間的「理想樣貌」，相對於此，願景指向型的問題則是以中長期的視野，並從世界情勢等較宏觀的觀點來設定「理想樣貌」，並設法填補與現狀之間的差距。

從自己設定「理想樣貌」的意義來說，遠景指向型問題可說是設定型問題的發展形式，不過從宏觀視角一直到「背景」的著眼點，兩者其實有很大的差異。

這裡所謂的「背景」，TOYOTA指的是以下幾項。

・未來的世界經濟情勢將會如何發展？

・全球的汽車產業目前的狀況如何？今後將會如何變化？
・日本的經濟與汽車產業，未來的趨勢走向為何？

根據這類大型的外在環境分析，從「TOYOTA應該如何？」→「自己的部門・職場應該如何？」→「自己應該做什麼？」像這樣深入探究到自己身邊的問題，找出願景指向型問題的課題。

▽透過願景指向型問題產生「PRIUS」汽車

就像這樣，由於願景指向型問題的格局大、視野廣，所以有可能帶來創新的機會。

TOYOTA公司透過願景指向型問題而研發的就是油電車「PRIUS」，以及以氫為燃料的世界首創氫氣燃料電池汽車「MIRAI」等創新車款。

研發PRIUS之前，TOYOTA以長遠的時間看世界情勢時，預測未來石油產量將會枯竭導致油價高漲，也預見環境問題將會更加嚴重。

在不久的將來，大量消耗石油、並且破壞環境的汽車將迫切需要重新檢討。根據這樣的背景產生「對人與地球都好」（理想樣貌）的概念，而根據此概念研發出來的就是PRIUS汽車。

一味地提高生產效能，追求效率化與減少浪費，或是專注於確保眼前的利益等，絕對不會產生創意。聚焦於未來的「理想樣貌」才能夠實現創新。

雖然願景指向型問題格局較大，不過如果從描繪理想樣貌、填補與現狀差距的意義來說，基本上應該做的事與發生型問題或設定型問題都是一樣的。只是問題的課題變大而已，知識技術本身則沒有任何改變。

因此，在職場上透過重複解決發生型問題與設定型問題，自然會培養出解決願景指向型問題的能力。「每天解決問題將有機會帶來未來的創新」，這麼說一點也不誇張。

豐田自動織布機發明人，也是建立ＴＯＹＯＴＡ集團基礎的豐田佐吉曾經說過：「打開拉門看看吧，外面的世界無限寬廣！」不要只看眼前的問題，要一邊看著世界每天的變化，同時把目光投向五年、十年後的理想樣貌。

這種長期的視角不僅運用在解決問題的領域上，每一位上班族也都應該具備這樣的眼光。

「若想要成長，就應該經常描繪自己十年後的『理想樣貌』。」這是指導師近藤刀一的建言。

例如，如果自己設定的理想樣貌是十年後晉升為班長、成為領導團隊的領導者，就能清楚看出自己的不足之處，必須進修什麼、學習什麼等，將不足之處一一彌補加強，自己就會確實成長。

茫茫然地只知完成眼前的工作，這樣是無法成長的。

LECTURE

47

依循八個步驟解決大問題

工作上發生的問題有大有小。

「沒有收拾辦公桌」、「沒有準時交文件」，如果是這種較小也很容易發生的問題，只要根據以往的經驗與直覺擬定對策，就有可能完全根絕問題。

不過，「無法達成目標」、「不良品發生的比率很高」、「員工沒做多久就辭職」等這種程度的「大問題」，不見得靠直覺或經驗就可簡單解決。

如果想從根本解決問題，不僅花費時間，而且大部分的情況下是看不到問題核心也不知如何下手處理。

TOYOTA解決這類「大問題」時，會遵循一連串的步驟。

也就是「解決問題的八個步驟」。

❶明確問題
❷掌握現狀
❸設定目標
❹徹底思考找出真因
❺擬定對策計畫
❻實施對策
❼確認效果
❽落實成果

本書不是解決問題的專業書籍，所以省略詳細不談。不過，在TOYOTA的工作現場中，每天都依循著這幾個步驟，主要用來處理設定型問題。

解決問題的八個步驟

步驟	說明
① 明確問題	從「重要程度」、「緊急程度」、「擴大傾向」等視角選擇應解決的主題
↓	
② 掌握現狀	把問題分解為不同層級，找出「處理對象」
↓	
③ 設定目標	以具體的數值呈現達成目標
↓	
④ 徹底思考找出真因	以「五個為什麼」查出引發問題的真因（真正原因）
↓	
⑤ 擬定對策計畫	擬定消除真正原因的對策方案，鎖定有效的對策
↓	
⑥ 實施對策	決定對策後，整個團隊快速地付諸行動
↓	
⑦ 確認效果	確認執行對策的結果與是否達成目標
↓	
⑧ 落實成果	把成功的流程「標準化」，以後任何人來做都能獲得相同成果

LECTURE

48 不要以「既成問題．對策」面對問題

解決問題的八個步驟中，第一步驟「❶明確問題」與第二步驟的「❷掌握現狀」非常重要。

指導師大鹿辰己證實：「解決問題的過程中，步驟❶與步驟❷占了七十%的時間與精力。」

特別是解決問題的起步，「❶明確問題」這個步驟極為重要。因為後面的步驟都會隨著你設定的問題主題而受影響。

不過，實際上很多人都會跳過這個步驟，一下子就投入解決問題的步驟。這麼一來，真正應該解決的問題未獲得解決，卻傾全力去關注不重要的問題。

經常看到的不良案例就是「既成問題」。

這是指導師大鹿指導某公司業務部時發生的情況。

該公司根據社長訂出來的方針，事前制訂了「提高銷售計畫的精確度」、「新產品促銷」等問題主題。業務部的業務員們被迫接受這些主題，所以對於設定問題主題感到非常苦惱。

在TOYOTA中，首先會充分地分析並清楚確認「問題是什麼」之後，再來思考解決對策。

如果不分析「真正的問題是什麼」，而以「既成問題」來解決問題，極可能處理了不是真的應該解決的問題。雖然全力解決這個問題，最後通常也不會獲得期盼的成果。

設定問題主題必須有所依據。事實上，沒有依據的問題很可能根本不是問題。

許多人以「既成對策」來解決問題。

例如，以「競爭對手成功」為由而直接採用決定「利用LINE作為公司內部溝通的軟體」。

像這種情況，很容易設定出配合對策的問題。把焦點放在「公司內部溝通不足」

這個本來就不是應該解決的問題上，很可能錯失真正應該解決的問題。

解決問題的目的是實施針對問題主題的對策並且解決問題。如果從對策切入，實施對策本身就成為行動的目的。

設定問題主題時，請檢查自己是否犯了「既成問題」、「既成對策」的毛病。實際感到困擾的問題是什麼？從引發此困擾的「真正問題」為出發點才是最重要的。

LECTURE

49 以「數字」選擇要解決的問題

「問題主題」要如何選擇呢?

答案是,不要用腦子「想像」,而是根據「數字」等資料來選擇問題。

東日本大地震後不久,指導師山口悅次進入指導的公司。當時選定「建立海嘯發生時的零件供給制度」作為解決問題的主題。

團隊內部在預定的海嘯災區地圖(海嘯災害潛勢地圖)上,標示自家產品的主要零件供應廠商。

結果發現,所有供應廠商都位於受海嘯影響的範圍內。更令人感到衝擊的是,「九十%以上的產品都將無法生產」。

看到「九十%以上的產品無法生產」的數字,不用說,全公司都開始傾全力解決問題了。

▼不是靠「想像」，要關注在「數字」上

如果處理問題的當事者不明白、不了解問題主題的重要性，解決問題就無法繼續下去。

特別是設定型問題是以尚未發生的問題為主題，沒有面對危機或困難的急迫性，就會不知不覺地把解決問題這件事往後延。

「想做〇〇」的「想像」，不同的人會有不同的處理方式，不見得所有人都會確實理解。

但若是以「數字」呈現問題，就容易明白「必須解決〇〇才行」。

設定問題主題時，請把焦點放在業績、利潤率、客訴數量、不良率、作業時間、普及率等「數字」。

如果數字異常，就是發生問題的證據。在那裡出現了確實得處理的問題。

「最近業績不好。」

「感覺客訴好像有增加的趨勢。」

像這樣光是以直覺說出口的問題，無法視為嚴重的問題處理。

「利潤率下降十％。」

「客訴數量比上個月增加三十％。」

藉由數字了解現實狀況，應該處理的問題就會浮現出來。

LECTURE

50 發現問題的八個觀點

該如何做才能發現應解決的問題呢？

TOYOTA教育員工透過以下八個觀點，有意識地主動發現問題。

❶煩惱的事情、苦惱的事情

寫出自己現在擔心的事、覺得麻煩的事，這是最簡單的方法。

「公司首頁的瀏覽人次很低」、「顧客的客訴總是持續不斷」、「經費相關文件的填寫有太多錯誤」、「最近加班很多」等，無論是全公司的事或個人的事都盡量寫出來，這樣就能看出問題所在了。

TOYOTA會列出公司員工想到的所有煩惱、困難，由於是由眾人進行，所以會從各種不同觀點看到問題。

❷從4M的觀點看待

不知該從哪裡發現問題時，如果從以下的「4M」觀點出發，就可在腦中整理出問題，是很方便的做法。4M主要是站在製造業的立場，不過也能運用在辦公室。

・人（Man）——是否有完成工作的能力、技能？人手充足嗎？
・機器（Machine）——設備（電腦等）是否合用？有沒有操作不便之處？
・材料（Material）——原料或採購的物品（蒐集的資訊）有沒有問題？
・方法（Method）——有沒有其他更有效率的做法？這個方法是否難以實踐？

❸與上位的方針比較

把自己或自己部門的現狀，與公司或部門等高層的方針比較。例如公司的年銷售目標與前年度相比增加十％，但目前自己部門的成績與前年度相比只增加三％，這時就有必要把這種現象視為問題處理。

❹為後工程帶來麻煩

工廠的作業工程中，如果後工程傳來抱怨，顯然就有問題。就算是在辦公室也一樣，文件遲交、文件不齊全而被退回或是被主管警告等，就要將此視為問題了。

另外，顧客傳來的客訴一定要視為重要的問題認真看待。

❺與基準比較

基準是「是否正常」的判斷主軸，基準與「標準」不同，其特徵是能夠數值化。如果是製造業，與本來應有的規格或設計產生差異時，就必須將此視為問題。

❻與標準比較

「標準」是在目前的時間點上，被視為最好的做法或條件。舉例來說，「企畫書的完成度」、「業務的銷售流程」等，某種程度應該就可以說是「標準」。透過與這些標準比較，就能看出自己的不足之處等問題。

❼與過去比較

與過去的數值或狀態比較，確認是否惡化。例如前年度的客訴率一%，今年卻上升到四%，這就表示有問題了。

❽與其他部門比較

與公司其他部門比較數值或狀態。例如，計算經費的文件填寫錯誤明顯比其他部門多的話，極可能是自己部門的做法有問題。

LECTURE

51 以三個視角評估問題

選出問題主題後，我們總希望快點動手處理這些問題。不過，想要一口氣解決所有發現的問題主題，不僅消耗時間也消耗精力，所以現實上是不可能做到的。

因此，必須鎖定選出來的問題主題，決定處理的優先順序。

當然，有時候問題會同時發生，現實中經常發生必須同時並行解決問題的情況。不過，基本上如果不重點式地處理問題，則力量會被分散，解決也會半途而廢。

因此，原則上還是要先鎖定一個問題主題，並且依序解決。

那麼，要以何種基準鎖定問題呢？

舉例來說，假設目前發現「發生不良品」的問題與「辦公室牆面壁紙剝落」的問題，前者的重要程度與緊急程度當然較高，我們就知道應該列入優先處理的問題。

不過，實際上每個問題看起來都重要且緊急。

TOYOTA主要會透過以下三個視角來評估問題。

❶重要程度

❷緊急程度

❸擴大傾向

❶重要程度可分為問題影響的「範圍」與「嚴重程度」。

所謂「影響範圍」指的是，比起公司內部覺得困擾的問題，產品品質或服務不好等，為顧客帶來麻煩的問題之影響力更廣，所以後者可說是「重要程度高的問題」。

「影響的嚴重程度」指「品質差」、「不良品多」、「來不及交件」等會損及信用等問題，由於影響程度嚴重，應該立即處理。

❷緊急程度就是從「如果不立即處理會有什麼影響？」的視角來評估。

例如說，假如擱置不理，目標就不會達成、無法應付生產線的變動或是可能造成客訴等，這種問題就應該判斷為「緊急程度高」的問題。

❸擴大傾向指「如果擱置不理，不良影響會擴大到何種程度？」

例如，每月的業績未達成目標的情況有惡化傾向，如果不擬定對策處理，年度業績就一定無法達標，這問題不能忽視不理。如果是這種情況，問題的擴大傾向就會很嚴重。

如果有多個問題同時發生，就可從這三個視角進行綜合性判斷。

另外，在這裡最重要的是從多個視角進行判斷。

雖然這樣的譬喻過於直接，不過男女戀愛當中，如果對對方說「我喜歡你的一切」，對方也不懂意思吧。

但如果你說：「我喜歡你溫柔的個性與料理的手藝。」對方就知道你喜歡他哪一部分，說服力自然不同。

同樣地，從多項觀點看待問題，該問題的嚴重程度就會自然浮現。

鎖定問題時的角度不見得非得透過❶重要程度、❷緊急程度、❸擴大傾向等三者來共同決定。

依照情況的不同，有時候需要三者並重來判斷問題，有時候也可替換其他指標來判斷，如「實現的可能性」（現實中能夠實踐的視角）。

可依照自己公司或工作重視的項目量身訂做判斷指標。

LECTURE

52 以「現地・現物」鎖定問題

找到應解決的問題主題之後，就要移到解決問題八步驟中的步驟❷「掌握現狀」。簡單來說，就是分解問題。

大體上，問題都是由小問題糾結而成大問題。因此，在這個時間點上，發現的問題極可能很大也很模糊不清。

例如，「新進員工的離職率很高」，這個問題是由各種因素組成而發生的問題。

在這裡要分解大問題，整理成自己能夠處理的具體程度的問題，也就是決定應該解決的「處理對象」。

在分解問題的階段中，有件事情必須注意。

那就是「透過現地．現物鎖定問題」。

Ｐ５２介紹的「現地．現物」是ＴＯＹＯＴＡ很重視的觀念，藉由觀察現場就會看到真實情況。

．前往現場，親眼確認。

．客觀地蒐集資料，觀察數字的分布狀況。

．自己也嘗試體驗看看。

．聽聽顧客、銷售店面、相關部門等人的說法。

像這樣以自己的眼睛、耳朵確認實際發生的事情，就會看出問題之所在。

在工廠這種作業工程清楚也容易獲得資料的現場，透過現地．現物就能看出問題所在。不過，以文書、企畫性為主的工作，由於沒有特定的工作流程，能獲得的定量資料也比較少。

在這種類型的工作場合，發現問題的訣竅就是整理自己的工作流程。

∨分解自己工作的流程

每件工作都有流程。只要有輸出，從起步到輸出結果為止必定會有流程。

假設現在有一個「對客戶提的企畫案採用率不高」的問題主題，則從企畫一直到簡報為止就有好幾個過程。

作業❶：決定企畫主題

↓

作業❷：蒐集資訊

↓

作業❸：分析市場

↓

作業❹：歸納整理企畫書

↓

作業❺：對客戶做簡報

就像這樣，回溯、分解自己的工作流程，就會看出哪個部分可能有問題。

企畫主題本身就訂得不好？資訊蒐集的方向不對？搞錯目標市場？還是企畫書或簡報投影片難以閱讀？還是簡報時的說話方式有問題？

總之，越是分解工作流程並詳細審視，越容易看出問題之所在。

LECTURE

53

處理問題時不能太貪心

決定要處理的問題時，經常發生的失敗就是太貪心，想要「解決大問題」。

例如，決定以「提高業績」為問題主題時，所有可提高業績的方法都成為應該處理的對象，結果反而不知該從何處下手才好。或許光是腦中想到的就有一百多件事該做也說不定呢。

這種時候就要鎖定對象，例如「增加〇〇地區的業績」、「提高網路購物的業績」，如此就能夠徹底執行對策。

大的問題主題都是必須解決的，不過如果太貪心想要一口氣處理，反而會因為該做的事情太多而感到挫折。

如果把大問題分為A～D等四個小問題，再思考各個小問題的重要程度與緊急程度，就可以考慮只鎖定A來處理——這樣的想法是非常重要的。

無法立即解決的大問題，要從小問題開始著手，這是解決問題的訣竅。如果一點一滴從周邊開始著手處理，解決問題的速度就會加快。

如果分解大問題，問題就會不斷變小，不過許多人都會從立即看得到效果的問題著手。

但是，只要是這樣的問題，就可能不是自己責任範圍能夠處理，或者既花錢也花時間，結果又造成自己的挫折感。

大問題與中問題、小問題環環相扣，問題的本身結構並沒有任何改變。也就是說，就算是從小問題著手處理，只要能夠解決，也能連帶處理中問題或大問題。

假設有一個大問題「業績沒有成長」。

問題發生的原因之一是「顧客資料沒有統一管理」。解決這個問題必須實施改變公司內部業務系統等大型對策，所以處理這個問題並非易事。也就是說，這種程度的問題算是中型問題。

因此，你可以從可能是中問題的原因之一：「無法回答其他業務負責的客戶提出的問題」這類的小問題著手。

若是這樣，就能透過門檻較低的對策，例如「共享業務日誌」來應對。

特別是不習慣解決問題的人，更應該先從身邊的小問題著手，而不是冒險處理大型問題。

最忌諱的是，明明是早晚都必須解決的問題，卻說「要花時間，所以不處理」而擱置不理。

解決小問題也會連帶解決大問題

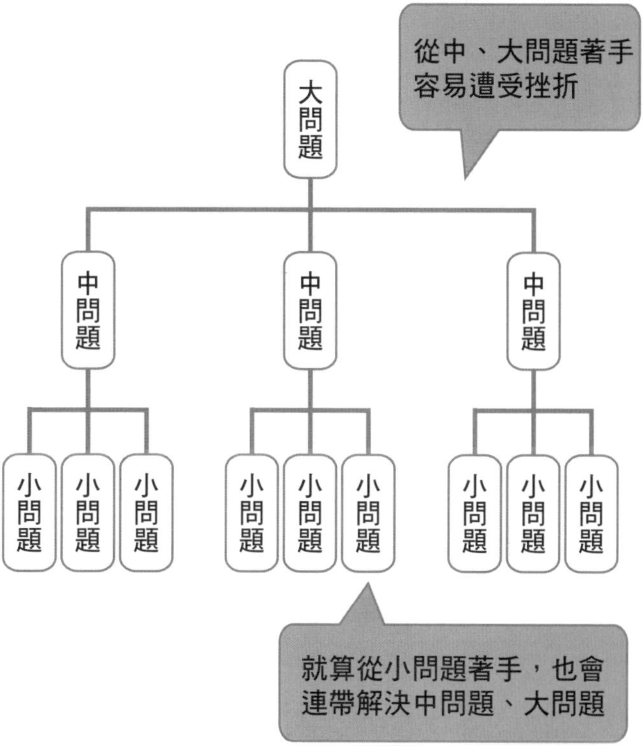

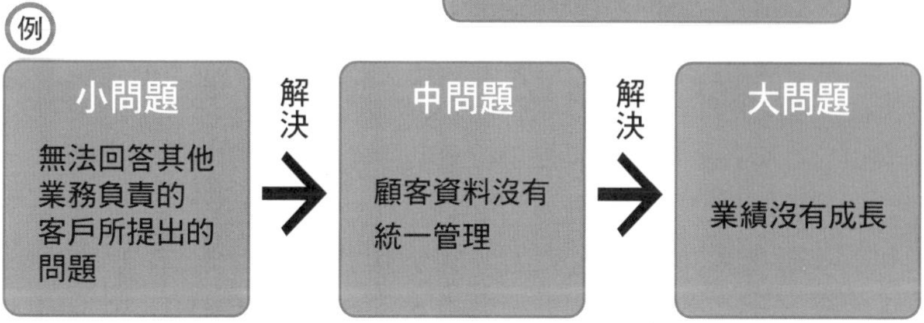

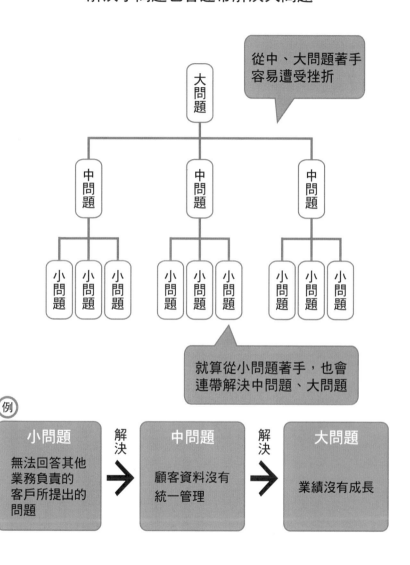

CHAPTER_4
解決問題力

LECTURE

54

重複五次「為什麼」

遵循解決問題的過程所不可或缺的，就是找出真正的原因（＝真因）。除去真正的原因就能夠達成目標、解決問題主題。

如前所述，TOYOTA的工作現場經常聽到「找出真因」。所謂真因，指引起問題發生的真正原因。利用5S或改善掌握問題或浪費的原因時，可多多運用。

一旦開始找尋問題的真因，便會列出許多「要因」。例如，如果問題是「有一半的年輕業務員會在一年之內辭職」，從這裡就可以舉出一百多個要因。

不過，眼前的要因很容易找到，就算解決了這些要因，只要沒有處理到真因，光是除去眼前的要因還是會面臨相同的問題。

最重要的是追究造成問題的真因，並且徹底解決。

指導師們異口同聲地說：「重複五次『為什麼』就是TOYOTA的文化。」

在TOYOTA公司裡，為了更接近真因，會不斷重複問「為什麼」以鎖定要因。

有時候問了二次或三次的「為什麼」就會找到真因，不過，不習慣解決問題的人在還沒找到真因之前，就會判斷「這就是真因」。

不厭其煩地重複四次、五次的「為什麼」，如此就能夠更接近真因。

例如，思考「有一半的年輕業務員會在一年之內辭職」這個問題。

如果以「為什麼」來找原因，會找出以下幾個要因。

【問題】「有一半的年輕業務員會在一年之內辭職。」

↓

（為什麼❶）為什麼會辭職呢？……因為無法融入業務部

↓

（為什麼❷）為什麼無法融入呢？……因為無法達成業績目標

←

（為什麼❸）為什麼無法達成業績目標？……因為是用自己的方式跑業務

不善於解決問題的人會停在這裡，輕易認為「用自己的方式跑業務」就是真因，然後採取「主管或前輩給予支援」的對策。

然而，就算依賴主管或前輩的支援，年輕業務員的成績仍舊沒有起色，因為主管或前輩之間也是有能力的差別。

總之，「用自己的方式跑業務」不是真因。

接著，如果繼續問第四次、第五次的「為什麼」，會如何發展呢？

（為什麼❹）為什麼會用自己的方式跑業務？……因為沒有人教導有系統的方法

←

（為什麼❺）為什麼沒有人教？……因為沒有業務流程的「標準做法」

如果沒有業務流程的標準做法就是真因，只要採取「建立業務流程的標準做法」的對策，日後任何人都能夠教導新人如何跑業務。

當然，並不是每個問題都要問五次「為什麼」才會找到真因。有的問題問二～三次就知道真因，也有的問題必須重複問十次以上，才終於能找到真因。

最重要的是，不要在中途就急著下結論以為找到「真因」了，要一直問到最後，鎖定發生問題的真正原因。

LECTURE
55
在自己的責任範圍內解決「真因」

探索真因的過程中，有件很重要的事情必須注意。

那就是跟改善一樣，要在自己的責任範圍內找出能夠解決問題的真因。

例如，「業績下滑」是「全球經濟不景氣所導致的」，那這樣就沒有出手解決的餘地了。

業務部門思考真因時，「業務員的活動量少是因為人事考核制度不健全所導致的」，也見過像這樣把原因歸咎到制度面的案例。

另外，「因為客戶公司的方針改變」、「因為目標客群數量少，所以賣不好」等，也有人把結論歸咎到「客戶不好」。

雖然這也是事實，不過我們不會要求客戶改善。

不要把責任轉嫁到別人或外部因素上，重要的是，要找出自己或部門內部能夠處理的真因。

如果不遵守這個原則，就會歸咎於「〇〇的錯」，這樣問題還是沒有解決。

製造部門發現「採購的零件有問題」等，這種要求廠商改善的案例另當別論，不過基本上要找出自己責任範圍內能夠解決的真因。

有時當然也會找到沒有經營高層或其他部門的協助就無法解決的真因。像這種情況，關鍵在於能否盡量採取自己做得到的行動。

如果把同事加入解決問題的行動，或是呈報主管就能採取有效的對策，那就沒問題。然而，如果把問題丟給主管或其他部門，就不會有人主動承擔責任採取行動。

找尋真因時，必須加入「自己能否解決問題」的觀點，對於後續行動才有幫助。

LECTURE

56

不要憑「感覺」找問題

找尋真因的過程中，還有一個重要關鍵。

那就是不要憑感覺找要因。

找尋真因時，經常發生明明已經發現真因了，卻還不斷繼續問「為什麼」，以至於把憑感覺找到的要因視為真因。

舉例來說，假設現在有一個問題，「只有某特定作業員能夠做作業A」。

如果針對這個問題問「為什麼」，則會有以下的回答。

❶其他作業員不曾做過作業A

←為什麼？

❷沒有人學得會作業A的工作

←為什麼？

❸沒有作業A的步驟說明書

←為什麼？

❹主管的課長認為就算沒有步驟說明書也沒關係

←為什麼？

❺部長完全委託給課長處理

←為什麼？

❻部長經營部門的態度不好

雖然最後找出「部長經營部門的態度有問題」，不過，在這個情況下，如果決策權不移到部長身上，問題就無法解決。

以結論來說，❹以後就已經擴散為感覺要因，「課長認為就算沒有步驟說明書也沒關係」只不過是自己的臆測而已。

如果「為什麼」沒有根據事實找出要因，結果就會往出乎意料的方向擴散。

以這個例子來說，真因是「❸沒有步驟說明書」。只要有步驟說明書，任何人都能做作業Ａ，所以就沒有必要繼續問「為什麼」往下挖掘要因了。

把真因結合人的「意識」或「熱情」，這也是要注意的。

例如，透過「為什麼」找到「○○沒有幹勁」的要因，這只不過是你個人的感覺而已，○○本人搞不好很有幹勁也說不定。

以客觀的角度來看，發現「意識」或「熱情」可能是原因時，把這些列為要因也沒關係，不過像這種情況，通常都要繼續往下問「為什麼」。

思考「為什麼沒有幹勁」，找尋原因時，得到的真因經常是「沒有確實學會作業的方法」、「員工的績效評估制度不夠清楚」。

LECTURE

57 透過十個視角找出問題的解決對策

鎖定真因後，就要思考除去真因的對策方案。每個真因都要盡可能地列出大量的對策。

這時，如果從經驗上立即想到某個對策可以「有效解決這個真因」，那當然很好，不過隨著真因的不同特性，有時也會無法判斷該採取哪個對策才好。

像這種時候，如果透過接下來所列的幾項視角進行發想，就可想出有效的對策。

還有，這些視角不僅可用來解決問題，思考改善對策時也很有幫助。

❶挪用

思考有沒有其他的用途。能否用在其他生產線或部門？例如把某業務部成功運用的知識技術套用到別的業務部。

❷借用

類似的想法能否借用？從好像可以運用的商業模式或過去相同的課題解決案例進行發想。

請教專家、熟悉業界的人，或是擁有與自己不同專業知識．經驗的人也是很重要的做法。

❸變更

思考能否改變一部分。例如改變顏色、聲音、形狀、溫度、設備，或是人的行動、職務、命名等。

❹擴大

如果變大或變長，會如何呢？試著擴大作業空間、工具機械或是加長生產線等。

延長時間、提高頻率也屬於擴大的方法之一。

❺縮小

思考變小、變短會如何。嘗試縮小作業空間或箱子尺寸，或是縮短步行距離、時間，或是降低頻率等。如果是辦公室的話，減少會議、文件也是一種做法。

❻代用

思考是否可利用其他人或物取代一部分或全部。例如以其他產品或零件取代，或者從自製改為外包等。

❼改變

思考改變配置或人員安排。嘗試以不同的作業替換，或者更改工程、作業的順序等，都是可能解決的方法。

❽反向使用

試著把物品上下左右顛倒或反過來使用。例如嘗試調換作業員與監督人員的職務，也可以調換工程或作業順序。

❾結合

試著結合看看。手機與相機的結合就是最具代表性的結合案例。可以結合組織或人員、組合多人的創意等。合併會議或職務也是思考方式之一。

❿刪除

如果停止該項作業會如何？例如減少工作的流程或人員數量。

LECTURE

58

立即執行對策

假設「業績下滑」這個問題的解決對策已經決定是「推銷給中部地區的公司」。

這時，有人就會在腦中想「中部地區的競爭公司很多，很難推銷吧」，因而限制了自己的行動，接著就會以好賣的對象為目標跑業務。

然而，對策沒有付諸行動就不會失敗，但也不會有成果。成果不是只有成功的成果，失敗的結果也算是成果。

失敗就是有問題的證據。立刻執行對策就如同為解決問題「播種」一樣。

如果更進一步解決該問題，則「推銷給中部地區的公司」這個對策也就有效了。

在得到任何結果之前，貫徹執行是最重要的。

指導師大鹿辰己說，「百聞不如一見」這句諺語其實還有後續。

百聞不如一見，百見不如一思，百思不如一行，百行不如一果——意思就是，「如果沒有最終的成果，則一切都沒有意義」，解決問題亦同。

最重要的就是先以得到成果為目標，進行思考並行動。

V製造發表成果的機會

設定型問題多半是在真正的問題尚未明顯浮現的階段，就已經準備著手處理，所以很容易因為被日常的工作纏身，以至於把實施對策的行動往後延。

指導師近江卓雄說：「有效的做法是，製造機會讓員工發表實施對策的成果。」

TOYOTA的品管圈、創意功夫制度以及各階層研習等場合，都有機會讓員工發表解決問題及獲得成果的心得分享。因為有這樣的機制與制度，實施對策的行動必然不會懈怠。

處理影響公司經營甚鉅的問題主題時，也可以討論建立一個機制，讓經營群參加報告會議或發表會。如果高層或管理群不參與，解決問題的文化就無法落實。

假如公司沒有那樣的發表機會，自己主動對主管宣布「我來處理這個問題」，像這樣的自我承諾也是方法之一。

製造一個非做不可的理由，這樣才能預防對策遭到擱置。

CHAPTER

5

主管力

就算只有一名部下
也要發揮的
TOYOTA
「主管力」

「人如果沒遇到困難，
就不會產生智慧。
——TOYOTA汽車工業前副社長・大野耐一」

LECTURE

59 建立自己的「分身」

在TOYOTA公司裡，培育優秀部下的人會得到好評。

TOYOTA前會長，豐田英二就說過這樣的一句話。

「人類是要製造東西的，如果不先製造人就無法開始工作。」

無論擁有多麼精良的設備、無論建立多有效率的生產機制，如果沒有能善加運用設備、機制的員工，這些也都是徒勞無功。

正因如此，TOYOTA的真正領導者並非所謂「有工作能力的人」。

在TOYOTA裡，被視為真正領導者而受好評的，是能拉拔部下的人。

「TOYOTA雖然也要求工作成果，不過除了工作成果之外，同時『能夠培育多少個自己的分身』也是評分的標準。」

說這句話的是在TOYOTA任職時，有過課長經驗的中島輝雄。

如果培育了即便主管離開，組織仍舊能順利運作的「分身」，則下一個領導者將會繼承「培育人才」的傳統文化。

TOYOTA公司的情況是，培育自己的「分身」後，就會晉升為主管（擁有部下的領導者），所以就算缺少一名領導者，組織的運作也不會停滯不前。

然而，大部分公司對於培育「分身」這件事做的不夠完全。每個人用盡心力只是為了提高自己的成績，根本沒有多餘的時間、精力培育人才。

指導師鵜飼憲所指導的公司中，有一位稱得上是「抵抗勢力」的年屆退休的資深部長，對於現場的改善顯得態度消極。而且，這位部長外表看起來很嚴肅，說話也很有威嚴，是部下深感畏懼的人物。

因此，部下們畏縮地表示：「就算提出改善方案，也一定會被部長駁回。」

鵜飼判斷若是這樣，改善就不會有進展，於是與提出改善方案的年輕員工一起跟部長面對面談判，並且對部長提出以下訴求。

「請問您一直以來在工作上總共培養了幾位可稱為繼承人的部下呢？當您退休後，將由您的部下們撐起這家公司。如果您駁回改善方案，就等於扼殺了部下成長的幼苗。

我想您應該充分了解這點，不過如果您還是不願意聽聽改善方案，我將陪同○○直接找負責人討論。」

∨主管的工作是「培育人才」而非「下指令」

資深部長當場承諾願意協助部下進行改善。雖然指導師們暫時放心，不過，後來又發生一起小小的「意外插曲」。

在發表改善成果的報告會議中，該部長沒有使用部下準備的資料，反而主動帶來發表用的資料以協助部下的簡報。看到部長的舉動，了解部長的經營團隊與部下們都深感訝異地想：「沒想到那樣的部長居然會鼎力相助……」

其實，長年以來部下畏懼、躲避的部長只是不善溝通而已。看到自己支援的改善獲得良好的成果，以及部下主動改善的積極作為等，部長也感到非常高興。

優秀的領導者很容易什麼都自己動手做，或是一味地指示部下「你做這個」、「你做那個」。

不過，如果不培養一個能代替你的新世代領導者，你永遠都會占著目前的位置，公司人員的新陳代謝也會停滯不前。

培養自己的分身是領導者的任務之一。就算只有一個部下也好，請以培養自己分身的心態培育部下吧。

LECTURE

60 累積「聲望」工作

你的工作態度是透過什麼樣的基準而受好評的呢？

可能是達成眼睛看得到的數字或目標等「成果」，特別是追求成為領導者的成果吧。

在ＴＯＹＯＴＡ公司裡，獲得工作成果是基本任務，不過，光是如此還不足以獲得好評。

工作獲得成果的同時，也必須培育部下。

對於主管應具備的條件，ＴＯＹＯＴＡ明確訂出評價方式。

ＴＯＹＯＴＡ的管理職人事考核要素中，有一個「聲望」的評估項目。

其他還有「課題創造力（二十％）」、「課題完成力（三十％）」、「組織管理力（二十％）」、「人才運用力（二十％）」等項目，而「聲望」這個項目則占十％

的比率。

在TOYOTA裡，職位越高，越要求來自部下的聲望。雖說比率只占十%，但卻是其他企業中難得看到的評估項目，可說是TOYOTA特有的評估項目。

那麼，TOYOTA所謂的「聲望」指的是什麼呢？

針對管理職的業務考核表中，「聲望」的欄位上寫著「部下的信賴感．活力」，指導師山田伸一是這麼形容的。

「以一句話來說就是是否受到部下信賴。『希望像他那樣做事』、『想像那個人一樣受人信賴。』讓他人真誠地產生這種想法的人，表示其聲望高、受到好評。看到那樣的人，自己也想仿效，也想追隨前輩的腳步前進。」

總歸一句話，你是不是一個讓部下覺得「想跟隨」的人呢？

在TOYOTA公司裡，每天都要進行改善、解決問題，也不斷進步。因此，要經常以不曾有人達到的「理想樣貌」為目標。

領導者必須以沒有人經驗過的「理想樣貌」為目標，引導團隊前進才行。

那樣的時候，領導者的向心力還是取決於「聲望」。

「雖然不知道是否真的能夠達到理想樣貌，不過如果是那位主管（前輩）說的，一定不會有錯。」

如果不是能讓部下產生這種信心的主管，就無法帶領部下、團隊往理想樣貌前進。一旦面對困難的課題時，就會被部下拋棄：「那個主管不是能夠跟隨的人。」

完完全全地照顧部下，教導部下工作值得玩味之處，經常率先示範，作為部下的表率。做到這些，部下才會願意追隨。

LECTURE

61

教導「看待事物的方法」

TOYOTA總是在作業現場的工作流程中，教導員工「這才是好的」、「這很重要」等看待事物的方法。

「流程」所朝向的「結果」當然很重要，不過TOYOTA不會只為了重視結果而責備部下。

TOYOTA自始至終都重視從一開始到成果的中間過程。

因此，就算沒有獲得期待的結果，如果過程沒有錯，也應該讚許「這個做法很好」。

指導師村上富造也證實這點：「就算結果不對，如果過程正確，就不能不分青紅皂白地斥責部下。」

據說，有一名在組合生產線工作的部下沒有按照「標準」，把某零件放在應有的位置上。

如果責罵「為什麼不放在固定的位置上！」則部下可能會勉強地遵循規則，但卻不理解這麼做的原因。

不依照「標準」行動一定有他的理由。村上如此思忖而詢問部下。

「為什麼你把這個零件放在這裡？」

「前輩教過我『標準』的位置，但如果把零件放靠近手邊，我就可以不用換手。我覺得這樣的做法工作更有效率。」

「很棒喔，你觀察得很仔細。確實，你的方法也有好的部分。」

部下以他自己的做法追求工作效率來決定零件的放置位置。先讚賞這個過程，接著再告訴他為什麼要把零件放在「標準」規定的地方。

「為什麼前輩教你要把零件放在『標準』的地方呢？因為你只考慮生產效率吧。不過，如果從品質面來看，如果放在你決定的地方，很可能會忘記拿起這個零件來組裝，這就是為什麼這個地方會是『標準』的位置。不過，你的想法並沒有錯，可以再思考一下兼顧生產效率跟品質的方法。」

思考過程受到肯定的這名部下因此更提高了改善意識，腦中也開始思考「有沒有更好的方法？」

∨教導「這很重要」的價值觀

主管很容易只看部下的工作成果，責罵「為什麼做不到！」然後由自己來收拾善後。或許現場的狀況暫時解決，主管也獲得滿意的成果，不過這樣無法培育部下。

在工作現場確實教導「這是正確的」、「這很重要」，這樣部下才會成長。

「所謂培育人才就是傳承價值觀、教導看待事情的方法。」這是TOYOTA名譽會長張富士夫的名言。

如果不教導看待事情的方法，部下就無法找出判斷或行動的依據，最後就會形成一個只靠個人能力或評斷運作的組織。

「這樣的案例，就要以這樣的思考方式或行動處理。」

這種價值觀在部下之間滲透以後，才會開始出現好的想法，並且正確處理問題。

LECTURE

62

不要一開始就給「答案」

據說最近有越來越多年輕人只會等著指令做事。也就是說，他們只做主管交代的事，而不做其他會提高附加價值的工作。

會成為等待指示的部下，身為主管的人也要負一部分的責任。

你是不是總是說「你去做那個」、「你來做這個」，像這樣馬上就給部下答案呢？如果是做被吩咐的工作，部下就沒有「當事者」的認知，別說不會主動改善，也很容易發生錯誤。

由於沒有責任感，不會覺得「我自己必須做些什麼」，所以工作態度也是馬馬虎虎。

TOYOTA的主管不會馬上就給部下答案，而是給部下動腦思考的機會。

指導師原田敏男表示，若想讓部下具備當事者意識，一開始就不要給答案「這樣做比較好」，而必須與對方溝通，讓對方自己動腦想答案。

如果部下前來商量：「這部分進行得不順利」，首先就要反問：「你覺得要怎麼做才會做得好？」

如果對方的回答恰當，就可以交給部下：「那麼就這樣試試看吧。」如果對方怎麼樣都想不出好答案，就可以提示對方：「這個想法做得到嗎？」「也可以採取這個方法吧。」

如果單向地發出指示：「你應該這麼做」，則部下將難以培養當事者意識，萬一進行得不順利，就會以「〇〇要我這麼做」為藉口推託。

不過，如果是自己動腦想出來的想法或方法，部下腦中的當事者意識就會萌芽。不要馬上給答案，讓部下自己思考找答案。透過這樣的做法，部下就能夠扛起責任做事。

如果想要改善工作現場，不要由上而下命令「你要這樣做」。單方面地下指令很容易使對方產生反抗的情緒。

始終都要讓現場的工作人員習慣思考，並找出改善方法。

例如，詢問對方「辦公室的環境是否有不方便的地方？」並引導對方主動思考，而非單方面地下指令：「把辦公室整理・整頓好。」一旦有人提出問題：「東西太多，收納檔案的空間不夠」，則可以請對方想想，「那麼，你覺得該怎麼做比較好呢？」

如果大家擁有共同的問題並思考改善對策，就能積極投入改善的工作。

∨讓部下遵守「自己決定的事情」

指導師加藤由昭指出，當部下前來商量時，最重要的是讓對方認清楚「目的」，而不要急著給答案。

當部下來找你商量：「我想做這件事，您覺得如何呢？」你就要反問：「為什麼你想做這件事呢？」

反問是為了讓對方更清楚這項行動的目的。

例如，假如目的是「業績比前年度增加八%」，反問就會讓對方看出接下來針對這個目的該做什麼，或是要做到什麼程度等，這樣對方也會明白「有這樣的做法，也有那樣的做法」等達成目的的方法。

人腦一旦輸入「問題」，就會自動輸出「答案」。相反地，如果你給了「正確答案」，對方就不會再往下繼續思考。

比起他人說服並強給的答案，自己腦子思考的答案能夠在理解的狀態下付諸行動。一旦腦中的意識改為「自己運用智慧、自己想出來的」，而非「被迫工作」，工作就會一下子變得愉快。當你做到「遵守自己決定的事情」，而非「遵守既定的事情」，自然就會有人來追隨你。

「不教」也是教導的方式之一。

LECTURE

63

讓部下感到傷腦筋

TOYOTA有「主管讓部下傷腦筋」的文化。

TOYOTA前副社長・大野耐一借用了「能力・腦力・惱力」這三個日文同音字，來說明「煩惱也是很重要的」。

煩惱到最後，腦子就會產生智慧。如果煩惱太少，會受到以往的知識、經驗（負面知識）阻礙而停止思考。

有效率處理事物的「能力」以及思考事物的「腦力」固然重要，不過若想發揮能力與腦力，也要重視「煩惱力（惱力）」。

在TOYOTA公司裡，思考「如何讓部下傷腦筋」是主管的任務。

指導師村上富造說：「以前對於組長或工長等中間管理職的人才，我都會特意給他們高難度的課題。」

例如「減少一半成本」這樣的課題。TOYOTA每天都在進行改善試圖刪減成本，所以減少一半成本就如同想從乾毛巾中擰出水一樣。

不出所料，部下會說「那是不可能的啦」。不過，即便如此也要讓部下動腦思考。

∨因為是不可能的課題，所以要絞盡腦汁跳脫既有的想法

如果站在從以前到現在的延伸情勢上來看，高層級的改善基本上是無法實現的。必須站在較高的位置，以不同的角度看待事物。

如果課題是「減少一半的成本」，就必須運用「鳥眼」，宏觀地觀看生產線，把前工程、後工程都列入觀察的對象。

被迫處於這樣的狀況時，人才會開始以不同於以往的發想，絞盡腦汁思考。

假設從高角度思考各個面向並且試行，在這當中部下察覺後工程可能有什麼改善

的機會，於是前往後工程了解狀況，並且與該工程的員工討論。

結果發現「好像可以降低三十%的成本」。

走到這一步之後，接下來就是主管出場的時候了。

主管問：「如何？有可能嗎？」對方回答：「減少三十%成本好像可行，不過五十%就有困難了。」

在這裡就要嘉獎想出能減少三十%成本的點子，然後再給予建議。這麼一來，部下就會保持原有的動力，往減少五十%成本的目標前進。

重要的是，對於能力好的部下不要一開始就告訴他：「你就這樣做」，而是要讓部下大大地傷腦筋才好。

如果煩惱到最後便能夠解決問題，部下會產生高度自信，也會快速成長。

LECTURE

64

主管要擁有「讓部下做的勇氣」

某指導師根據在TOYOTA的經驗，認為「領導者必須擁有放手讓部下做的勇氣，部下也必須具備動手做的勇氣。」

有一次，公司高層對TOYOTA的所有工廠發出一項指令：「以遙遙領先的工程為目標。」每項工程之間開始進行生產效能的競賽。

於是，主管對他說：「這是個好機會。就算搞壞機器也沒關係，要下定決心做做看。」

人就算被要求做些什麼，也很難付諸行動。特別是該指導師當時操作的是一套老舊的設備，如果以遙遙領先的工程為目標而過度使用機器，萬一把機器弄壞就糟了。

不過，主管說：「就算失敗也沒關係，就下定決心做吧。」該指導師遵從主管的指示，毫不猶豫地使勁操作自己負責的機器。

剛開始，該指導師的機器生產效率真的「遙遙領先」。

雖然旁人很擔心，「那台機器的速度拉到那麼高，一定會壞掉」，不過機器還是運作了好一陣子。然而，一個月之後，旁人的擔心果然成真了。

機器故障，生產停止。工廠開始大騷動，因為「這樣會造成缺貨」。

不過，鼓勵「下定決心做做看」的主管卻沒有指責該指導師。

因工廠發生騷動而來到現場，當時的TOYOTA執行董事也一樣沒有開口斥責。

「發生什麼事了？」

「把機器搞壞了。」

「有沒有被罵？」

「沒有，沒有被罵。」

「這樣啊，放心，沒事。」

該指導師說，那時他內心深處感到一陣溫暖。透過這個事件，他接收到「勇敢做，不要怕失敗」的強烈訊息。

∨負起失敗的責任，同時築起失敗的退路

領導者要鼓勵部下下定決心動手做做看。或許有時候會遭遇失敗，不過光是這個經驗就可以學到很多，如果累積無數經驗，在現場的工作實力就會越來越強大。

新的挑戰一定會伴隨失敗。越是了解現場的人越了解這個道理。正因為非常清楚這個道理，所以有時也會變得躊躇不前。

不過也正因如此，領導者必須擁有讓部下動手做的勇氣。

當部下感到不安，擔心「可能會失敗」，身為主管的人就要鼓勵部下：「我會負起責任，你放心做吧。」如果讓部下看到主管勇於承擔的勇氣，部下也就能夠鼓起勇氣挑戰吧。

只是，這時要注意一件事。

為了預防萬一，主管必須設定停損點。

讓部下嘗試挑戰，當挑戰失敗時，也能夠立即給予支援。例如就算機器設備故障，也有其他方法加以補救，像這樣預先找好退路。

最重要的是，領導者除了擁有讓部下動手做的勇氣之外，也要一邊思考失敗時的補救方法。

LECTURE

65 給部下「智慧」而非「知識」

TOYOTA有一個教導工作的方法——「做給對方看，讓對方做做看」。

在TOYOTA公司裡，授課不是只有課堂教學而已，因為如果只有課堂教學，過幾天就會忘記。

所以，TOYOTA的鐵則是，傳授的內容要盡量在工作現場中實踐。

也就是做給對方看，讓對方做做看。

指導師岡村靖說：「如果缺少現場實務操作，課堂教學就沒有意義。」

岡村在客戶公司進行指導時，會在課堂教學之後立即讓學員實踐。萬一當天無法進行，也會在隔天或盡快進行。

魷魚絲光看不會覺得好吃，但是越嚼就越香，實踐也是相同道理。在課堂上不明白的事，透過實際動手做就容易理解，這樣的經驗也將轉化為「智慧」。

現今這個時代，某種程度的「知識」都能透過網路獲得。另外，參加學校或研習課程也能獲得知識。多半的知識都可以花錢買到。

不過，透過實踐獲得的「智慧」則無法花錢取得。在現場實際演練、接受訓練之後才能獲得智慧。

雖然舉這個例子不是很恰當，不過，每次叮嚀小朋友「手不要伸進八十度的熱水，這樣會燙傷」，小朋友總是無法理解。

但只要讓他們用手碰一下八十度的熱水，他們就會切身體會「手不能伸進熱水裡」，也能夠牢牢記住。

「聽聞→觀看→體驗」，如果沒有經歷這完整的過程，則課堂上教學的內容都會白費。

LECTURE

66 做給對方看，讓對方做做看，並且追蹤

「做給對方看，讓對方做做看」。

或許很多公司都做到這個地步。不過，TOYOTA則貫徹在此之後的「追蹤」。

舉例來說，你教導部下作業順序，讓部下自己動手做做看，發現做得還不錯。看到這樣的成果，身為主管的你不能認為「我教會了，主管的工作完成了。」你必須一直盯著部下，確認部下是否真的學會你教導的內容。要一直追蹤直到部下已經熟練，並且把你教的內容確實記在腦中。

指導師近藤刀一說：「TOYOTA公司總有非常嘮叨並盯著你看的主管。」

雖然工廠裡有管理板，標示每天的生產效能與不良率，不過某課長每天都會查看這個管理板，把想到的事或察覺到的事寫在板子上。

例如，有部下報告「不良率增加，所以改善了鎖燈泡的方法」，主管就會提供其他看法或視角：「確認過油的狀況了嗎？」就算沒有評論，也會蓋章證實已經查看過管理板了。

一般來說，文件上就算有主管用印的欄位，實際上主管也只是蓋章，從右到左蓋完就算了事。

不過，TOYOTA的主管都像這位課長一樣，經常巡視部下的工作狀態。這樣的主管能促成團隊合作，也會提高現場的員工士氣。

∨光是「教過了」還不夠

另一方面，指導師堤喜代志提到，他曾經因為沒有追蹤而被主管責罵。那是堤剛升上管理職的時候。

有一次，後工程傳來對品質的抱怨。堤指示負責的作業員針對抱怨的部分修改。負責的作業員說「好的，我了解了」，這件事也就結束了。

然而幾天後，會議中談到堤負責的部門發生品質有問題的這件事。

主管詢問：「那件事後來怎麼處理？」堤回答：「是的，我這樣指導作業員，現在現場大概照這樣做吧。」

不過，主管不能接受這樣的說法。

「不能說『大概』，你現在就去現場查看。」

堤直接趕到現場，發現負責的作業員沒有依照堤的指示作業。那時，身為管理者的堤反而被主管責罵：「根本沒照你說的做啊！」

TOYOTA的領導者們在經歷過無數次這類的經驗後，確實體會「做給對方看，讓對方做做看」的道理。

你是否「教過」部下就感到滿意呢？

在尚未確認部下會做並且確實追蹤之前，你都不能自信滿滿地說你真真正正「教會」部下了。

LECTURE

67

「讓部下了解」而非「說服部下」

指導師高木新治指出，領導者的工作就是「讓部下心情愉悅地工作」。

高木說他在TOYOTA剛升上班長時，當時的工長對他說的話，至今仍深刻印在腦中。

「高木，你知道對於班長而言最重要的事是什麼嗎？是部下自己想要拚命努力工作。所以你要記住那樣的想法，讓部下心情愉快地工作就是你的工作。」

在組織裡工作每天都會有問題發生，其中也交雜著員工的不滿情緒。像這種時候，要如何消除部下的不滿？還有，如何才能預防問題發生？

部下能否愉快工作，取決於領導者的指揮調度。

不過在現實中，許多領導者都認為，工作就是運用權力與權威，單方面地指示部下工作。這樣會讓部下感覺被迫工作。

依照主管指示行動，短期內或許會獲得很大的好處，不過如果不尊重部下的自主性，最後還是會回到原點。

特別是工作能力強的人，由於執著於結果，所以很容易想要說服對方。指導師岡村靖說：「光是靠地位或權力無法培育人才，對方理解・認同之後，才會愉快地工作。」

前往指導的公司，看到作業現場，發現作業員的作業中有浪費的動作。

例如零件放置的地點較遠而產生浪費的動作與時間。但是，就算你建議「做法要改變比較好」，現場的作業員卻認定每天習慣做的動作是最佳狀態。

因此，就算你把零件擺得靠近作業員試圖改善，對於長年以來都做相同動作的作業員而言，還是會覺得「原來的做法比較習慣」。雖然也可以半強迫地令其改善，不過明顯地幾天後又會回復原來的狀態。

因此，你必須說明到「對方明白」為止。

如果有作業員表示疑惑，「為什麼非得這麼做不可呢？」你就要解釋「改變做法會讓你的作業變輕鬆，也會提高生產效能」、「為了讓顧客收到好產品，這是必要的作業」，像這樣耐心地說明，使對方明白。

用盡努力讓對方理解・認同，藉此讓工廠的生產線順利運作，產生高品質的產品。這樣作業員就會感覺「愉快」並且充滿活力地工作。

如果你內心有不滿，覺得「部下或團隊沒有照我的指示運作」，搞不好就是你的努力還不足以讓他們理解・認同。有耐性地不斷溝通才是最重要的。

LECTURE

68 主管從「觀察」培育部下

指導師高木新治擔任焊接部門的組長時，部門新進了一名員工。這名員工染著金色頭髮，散發出獨來獨往的氣質，周圍的人都半放棄地預言：「這傢伙大概撐不過三個月吧。」

但是，高木不希望分派到自己部門的新進員工那麼輕易地就離職，所以每天花五～十分鐘與該名新人進行一對一的會議。

雖說是會議，但也只是聊一些不重要的小事，例如「昨天的工作如何？」「今天預定的工作是什麼？」不過，跟對方聊一聊之後，發現他只是外表打扮時髦，其實是安靜且努力認真工作的人。

後來，這名新進員工不只撐過三個月，還更加磨練技術，技術好到榮獲全國焊接大賽第二名。高木根據這個經驗證實，「不只是他，年輕人都有很大的成長空間。如果持續讓對方知道主管會守護著他，對方就會以大幅度的成長回應主管的期待。」

V相隔二十年視察工廠的經營者的一句話

領導者是否在意部下也會影響改善的落實程度。指導師近藤刀一指導某家公司，經營者竟然長達二十年時間都沒有進入工廠視察。

該經營者認為，「現場的工作都是單純的作業，任何人都做得來」，所以不重視生產現場，公司錄用的優秀人才都安排在業務或設計部門。

近藤指導現場時，這位經營者相隔二十年後來到工廠視察。然而，經營者卻穿著名牌西裝與高級皮鞋，以不適當的裝扮出現在工廠內。

現場員工急忙幫經營者準備防塵衣、長靴及安全帽，並且介紹現場的各種改善處理狀況，經營者非常感興趣地四處查看，然後，他在某個地方駐足不動。

那是打掃得亮晶晶的廁所。經營者聽說課長以下的每位工廠員工都要打掃廁所，覺得非常感動，「不只是工作現場，連廁所大家都這麼用心。原來都是這麼優秀的人才撐起這家公司的呀。」經營者也承諾每個月都會來工廠探視一次。

隔月，再度視察工廠的經營者自己帶著防塵衣、長靴以及安全帽，積極地巡視整個工廠。同時也承諾近藤等人：「以後我也會把優秀人才安排到工廠現場。」不用說，聽到這消息的現場員工們都非常高興。

在公司內部向來不太受到重視的工廠，由於經營者的每月視察，不僅士氣高昂，工作動力也提高了。

如果領導者不重視也不給予好評，改善就不會落實。

LECTURE

69 讓部下看到工作的「整體樣貌」

指導師鵜飼憲說：「讓部下看到工作的整體樣貌有助於提升部下的責任感與工作動力。」

鵜飼為一家製造醫療器具的廠商進行指導。

工廠內都是一些默默地製造小零件的兼職人員。令人驚訝的是，那些兼職人員都沒看過自己製造的零件最後變成怎樣的成品，只是一味地完成眼前的作業，不曾想像過成品的樣貌。

因此，指導師拜託工廠的經營高層，取來他們製造的零件所組成的成品，讓他們實際看見完成品。

結果，他們說出內心的感想：「原來我們做的零件都是用在這裡呀。這是放在人體裡面的東西，責任很重大呢。」

從那以後，兼職人員們不僅對於手上的作業產生責任感，同時也對自己的工作感到驕傲。

醫療器材如果因為某些差錯而沾染上紅色髒汙，就會引發嚴重問題。因為在醫療現場中，有可能把髒汙看成血漬。因此，兼職人員接收到的指令是「一定要找出沾上紅點的零件」。然而，有沒有看過工作的整體樣貌，對於這個指令的理解也會大大地不同。

只看眼前小零件的人，只會簡單地認知到零件上的「紅點」，但看過放入人體內的醫療器材之整體樣貌的人，腦中的認知則是「紅點＝血」，所以他們會更正確也更認真地檢查零件。

作業員是否意識到工作完成後的整體樣貌，也會影響對工作的認知。

從提高工作熱情的意義來說，鵜飼說：「讓作業員喜歡上自己製作的製品・服務也是非常重要的。」

「雖說進入TOYOTA公司工作，也不見得就一定喜歡車子。當然，就算不喜歡車也能工作，但如果愛上車子，工作就會更愉快。因此，公司會讓新進員工開車在泥土路（沒有鋪柏油的碎石路）上奔馳，或是急轉彎實際感受車子的穩定性能等，藉此讓員工了解車子除了開在公路上之外，還具備其他更深奧的性能。透過這樣的做法，對車子產生興趣的員工也變多了。」

如果身為主管的你想激發部下的工作動力，那麼，讓部下想像工作的整體樣貌是很有效的做法。

例如，如果部下是負責完成品的某一部分，那就讓部下看完成品的實品。另外，也可以讓部下參觀自己公司出產的產品是如何被運用在客戶的工作現場。

了解部下有多開心、有怎樣的不滿，部下對於工作的責任感或動力也會隨之改變。

LECTURE

70 把第一名丟出去

假如你信賴的部下因人事異動或轉換工作而不得不離開原單位，你的內心會怎麼想呢？

「饒了我吧！」應該是你的真心話吧。

指導師加藤由昭證實說：「在TOYOTA公司裡，因人事異動或轉換工作而不得不外調人員時，有的領導者會把該部門的第一名人才調出去。」

領導者都想把優秀的部下留在身邊。

當然這樣自己的工作會輕鬆點，也看得到工作成果，所以面臨調派部下的選擇時，都想把大概第三名的人調出去。

不過，TOYOTA的領導者內心都明白調派第一名的好處。

一旦把第一名調出去，第二名就有成長空間。

有第一名在，第二名以下的人就完全沒有嶄露頭角的機會。由於平常都是跟著第一名的員工做事，所以一旦第一名被調走，其他人就有機會發揮不輸給第一名的實力了。

把第一名調出去，也能培育第一名本身的能力。

在單位裡備受期待的第一名總是默默地做出成績，這麼一來就更加強其自信心。雖然這是好事，不過一旦往壞的方面發展，也可能成為自傲的人。

特別禮遇第一名的人才也可能有害。

從優秀人才開始調派起，這在培育人才方面是很重要的。

只是，如果外調的優秀人才又調回原單位，就要提升其職位並給予厚待。

這麼做才能不斷培養出以第一名員工為目標的人才。

LECTURE

71

領導者要從外部觀察部下

指導師加藤由昭至今仍記得某位主管所說的話。

「說到組織，一般人腦中的印象都是以工長或組長為中心吧。不過，假如你站在中心點，若不三百六十度旋轉就無法照顧到所有面向，所以領導者必須站在外面來觀察整體成員。重要的是，要從外部環顧所有部下。」

聽到主管這番話之後，加藤總是記得要從外部來觀察部下，光是了解現場的知識與技能還不夠，「連部下的心情都必須照顧到」。

「了解現場」不單單只是能夠確保工作內容、做法以及品質而已。

許多主管因此而感到滿足，但要連部下的心情都照顧到，才算是真正了解現場。

這是加藤被外派到英國工廠所發生的事。

該工廠因為發生問題而不斷中止生產線，處於最糟糕的狀態。甚至就算設置了安燈系統，但沒有人前來處置的情況，也強烈地打擊作業員的士氣。

順帶一提，「安燈系統」就是發生異常狀況時，生產線會亮起警示燈號的系統，可一眼看出生產工程的異常狀況。TOYOTA的工廠規定，如果生產線發生異常就要啟動安燈警報，生產線就會自動停止。

加藤進入英國當地的工廠後，只要求現場的負責人一定要做到一件事。

「當有人按下安燈警示鈕，請立刻前往發生問題的生產線解決問題，只有這點請你務必遵守。」

結果，生產線停止的次數急遽下降。

按下安燈警示鈕，身邊的人會立刻前來幫忙解決問題，沒人來幫忙的不滿也隨之消除，作業員更能集中精神工作。以最後結果來說，不良品與問題都一併減少了。

就算設置那麼好的安燈系統，就算擁有現場的知識與經驗，如果沒有設身處地為作業員著想的心也無法領導現場。

消除了按下安燈鈕也沒人幫忙的作業員之不滿與焦慮，生產線的運作便更流暢。

∨了解部下心情的「離心力領導者」

OJT Solutions執行董事海稻良光認為，領導者分為兩種類型。

一種是「向心力領導者」。

這是擁有強大領導能力的人，位於組織的中心位置，用力把人拉到身邊運作。

向心力領導者發揮領導能力，帶領公司不斷成長的案例當然不少，不過如果一直這樣持續下去，很容易培養出只會看長官臉色等待指令的人。部下會只聽指令「做這個」、「做那個」，而不懂得自己用腦思考。

另一種是「離心力領導者」。

從外部觀察所有部下成員。從高層到現場領導者，從現場領導者到一般員工，把領導力擴散到全公司所有人。

讓部下自己發現問題、找出解決對策，就是離心力領導者的管理方式。

善於培育人才的TOYOTA領導者多屬於這類型。

被部下圍繞著，一副高高在上的態度，這樣的領導者看不到部下的心情。

透過觀察部下所處的狀況或傾聽，獲得各種資訊，參考這些資訊從外部揣測部下的心情。就能發揮了解部下心情的「離心力領導力」。

舉例來說，如果有部下的業績總是沒有起色，就算你單方面地下各種指令，例如「要多多拜訪客戶」、「多增加一些新的約訪」，只要業績沒起色是因為其他理由，這些指令就不會產生效用。

假如部下覺得自己不擅長說明商品所以做不好，就得設法消除部下的負面心態。

除了消除負面心態，重要的是主管也要直接詢問部下在工作上的困擾或煩惱，或是透過業務日誌找出工作不順利的原因。

CHAPTER

6

溝通力

生產效能加倍的 TOYOTA「溝通力」

「發揮溫情友愛的精神，
振興家庭式良好風氣。」
——摘自〈豐田綱領〉

LECTURE

72

建立溝通網絡

指導師們在TOYOTA時代經常聽到，也印象深刻的一句話是「建立完整的溝通網絡」。

公司內部很容易形成主管與部下的縱向關係，不過在TOYOTA裡，透過非正式活動（公司內部的團體活動）所建立的橫向關係也一樣受到重視。

例如，依職位組成的團體（班長會、組長會、工長會）、依進入公司型態而組成的團體（豐養會、豐隆會等），透過這些群組，能夠與辦公室以外的其他部門、其他工廠的員工進行溝通。

具體來說，這些團體主要就是舉辦娛樂活動或是研習課程，例如懇親會或高爾夫球大會等活動。

透過這些社群，TOYOTA的員工不再只是主管・部屬的縱向關係，也發展出同事、其他工廠的相同工程，或是在其他工程工作的同事等橫向關係。

指導師中山憲雄說：「一直以來建立的橫向關係幫了我好多次。」有一天，在技術領域中任職於實驗部門的中山被主管部長找去，部長說：「希望實驗部也要引進TOYOTA式生產。」

實驗部是進行新車車體強度、震動以及撞擊安全等測試的部門。雖然TOYOTA式生產已堪稱TOYOTA的代名詞，不過當時實驗部等技術部門要引進TOYOTA式生產還是有困難。

「實驗部的工作和組裝之類的生產線工作不一樣，真的能夠引進TOYOTA式生產嗎？」

中山一開始感到不安，不過一邊接受TOYOTA式生產的大本營，也就是生產調查部的指導，一邊摸索嘗試引進TOYOTA式生產。

最後實驗部規劃了一個「準備備用測試」的方法。

當時實驗部的情況是，就算事先已經擬定一個月的實驗計畫，但現實中經常發生產品中途變更設計，導致實驗無法依照計畫進行的狀況。就算計畫當時打算運用所有人力投入運轉，但實際上實驗的運轉率才約七十五％，表示約有二十五％的人處於空轉狀態。

因此，可事先規劃不緊急的備用測試，以運用這些因突發狀況而閒置的二十五％人力。這樣就能提高人員運轉率，也不會發生人員閒置的狀況。不過，說起來簡單，但實際上準備備用測試卻有很大的障礙。

若想準備備用測試，必須請其他部門提供實驗用的車輛與零件。但是以其他部門的立場來說，他們每年都依照年度計畫進行工作，所以內心其實不想做計畫以外的事情。現實情況是，就算與對方溝通，但由於該部門是擁有數百人規模的大部門，所以不會輕易說「好」。

V橫向關係成為溝通的武器

中山說：「那時，在運動會或技術比賽等休閒活動或研習課程中交流的朋友們，給了我很大的助力。」

「也是因為我都積極參加這類的休閒活動，所以結交了許多其他部門的好朋友。我一邊找他們討論，一邊疏通：『實驗部門考慮做這樣的事，能不能幫我們出點主意？』如果我的態度夠認真，他們也會側耳傾聽。多虧他們的協助，最後才能夠獲得其他部門的幫忙，最後七十五％的實驗運轉率提高到九十五％。TOYOTA雖然組織龐大卻能夠隨機應變，就是因為有這些透過休閒活動而建立的橫向網絡之故。橫向網絡也能預防因上下關係造成溝通不良的大企業病。」

企業的組織越大，越難以建立橫向關係。現實情況是，最近許多公司內部的活動等交流機會也變少了。

不過，這樣的公司如果擁有橫向網絡，就會成為強而有力的武器。如果自己主動積極與其他部門的人或其他公司的人建立關係，這樣的橫向關係有朝一日一定會派上用場。

LECTURE

73 建立跨部門的「平台」

在ＴＯＹＯＴＡ公司裡，一般員工也有機會透過「非正式活動」在懇談會中與高層談話。

透過這樣的溝通，一般員工能察覺到公司可能前進的方向或部門方針。另外，以高層的立場來說，也能傳達公司或自己的方針、想法給組織末端的員工。

指導師柴田毅表示，每當他在指導的公司裡強調非正式活動的重要性時，經常會被反駁：「因為是ＴＯＹＯＴＡ所以才辦得到。」這時，柴田就會再補上一句話。

「連ＴＯＹＯＴＡ這麼大的組織都辦得到，相信各位的公司應該更容易做到才對。」

指導師中島輝雄也說：「沒有必要完全模仿TOYOTA的做法。最重要的是組織間的橫向串聯。」

中島指導的某企業在諮詢結束後，也把改革成員組成一個專案單位，特地建立橫向網絡。

該公司全國六個工廠的代表，以及各部門的核心人物組成數十人團體，每個月聚會一次交換資訊。好處是，大家能共享不同工廠或部門間的的工作流程。

例如，A工廠的人報告：「如果這樣改善就會提高利潤。」B工廠的人就知道：「原來有這樣的做法呀，那我們的工廠也能運用這個方法。」這樣就能帶著新的知識技術回去進行改善。

總之，更好的做法或想法，會透過這個團隊的活動散播到整個組織。

V共享資訊可消除對立

大部分的職場都是上下垂直的縱向組織結構，沒有同事間的橫向關係。更差的情況是，部門之間還會產生對立的情況。業務部與研發部門之間很容易互有心結、形成對立態勢，例如「你們不多研發一些好的產品，叫我們怎麼賣啦」、「為什麼業務部不更積極銷售產品呢」。

在這樣的組織中，兩部門建立一個處理共同課題的「平台」也是一個好方法。例如，組一個小組進行「提高顧客滿意度專案」、「提高商品功能專案」等。

或許一開始雙方的意見會互相衝突。

不過，彼此透過溝通、共享資訊，最後就會明白「原來對方是考量這點做事的」、「一直有這樣的問題呀？」也容易想出以前從未考慮過的解決對策。

建立跨部門「平台」

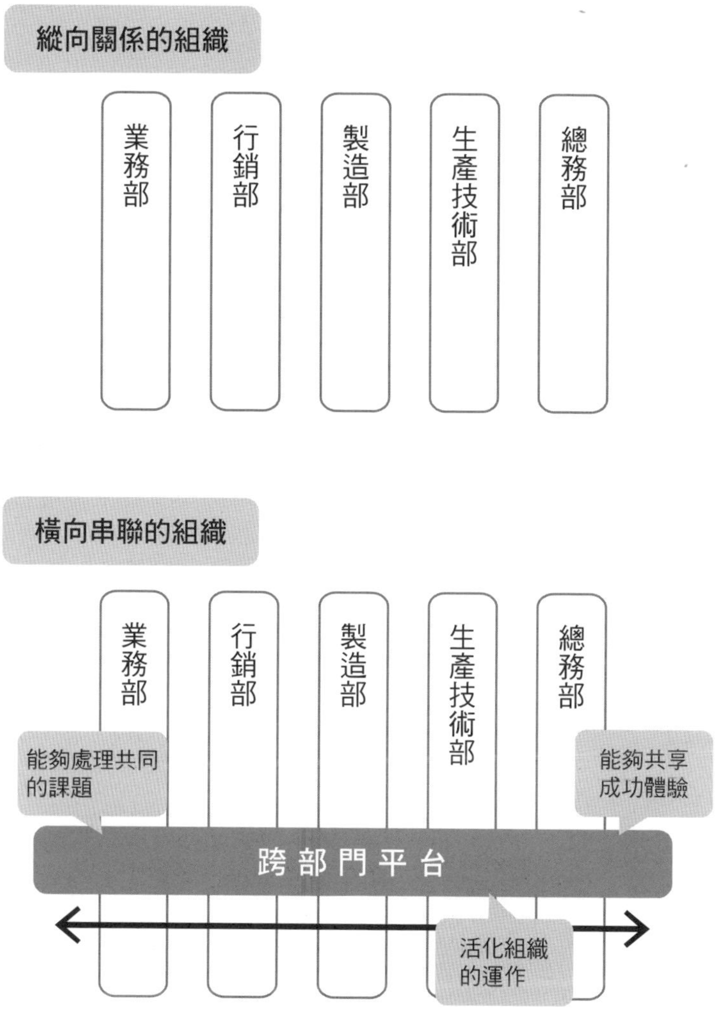
縱向關係的組織
業務部
行銷部
製造部
生產技術部
總務部
橫向串聯的組織
業務部
行銷部
製造部
生產技術部
總務部
能夠處理共同的課題
能夠共享成功體驗
跨部門平台
活化組織的運作

LECTURE
74
以跑接力賽的方式做事

在TOYOTA工作時，主管會要求你做事「就要像接力賽跑一樣」。

跑接力賽時，傳棒者要在接棒區把接力棒交給接棒者。如果是在規定的接棒區內，就可以在接棒區的最前頭或最後面的任何位置交棒。

靈活運用接棒區，交棒才能進行順利，也能縮短整隊的跑步時間。

這個概念與工作完全相同。

在一百公尺×四人的四百公尺接力賽中，接棒區各二十公尺，表示有人最長可跑一二〇公尺。假設新人要交棒給老手，老手就要站在接棒區最前端等待以協助新人交棒。

由於有接棒區的緣故，就可以因應不同時期的能力與狀況工作。在技術面上，可以如前述般由老手支援新人；發生問題或意外狀況時，也可以反過來請新人給予協助。由於有接棒區，彼此可以稍微超出自己的工作領域，互相幫助完成接力賽。

V擴展人脈，增加工作深度

在溝通面向也有好處。

一九八四年，TOYOTA與GM（General Motors，通用汽車）合資成立「NUMMI」（New United Motor Manufacturing, Inc.，新聯合汽車製造公司）時，OJT Solutions執行董事海稻良光就開始錄用外國籍員工。

雖然錄用的都是優秀人才，不過一旦開始投入工作，員工就分成兩種類型。一種是從不踏出自己辦公區的人，另一種是不斷前往生產現場的人。

前者認為自己的工作地點應該是辦公區，而不是去作業現場，就算自己默不作聲也會有資訊自動送上門來。利用電腦分析這些資訊並且向直屬上司報告就是工作。

後者則會前往生產現場，主動積極地蒐集資訊，並且以不靈光的日文與現場的日本作業員交談。

「你好，今天過得好嗎？」

「我給的資料有派上用場嗎？」

「現在有沒有覺得麻煩的事情呢？」

從簡單的一句問候中就獲得溝通的機會。

在這當中，兩者之間開始產生差距。前者清楚地畫出自己的工作範圍，窩在自己的辦公區內，也變得越來越孤立；後者不斷去現場探視，公司內部的人脈不斷擴展，對工作的了解也越來越深刻。

這樣的情況大約過了一年後，兩者擁有的資訊質與量差距越來越大。

後者有盡情運用接棒區工作，不僅工作效率提高，也能隨機應變各種不同的場面，也更深刻地了解工作，可說是好處多多。

運用接力賽跑的概念做事

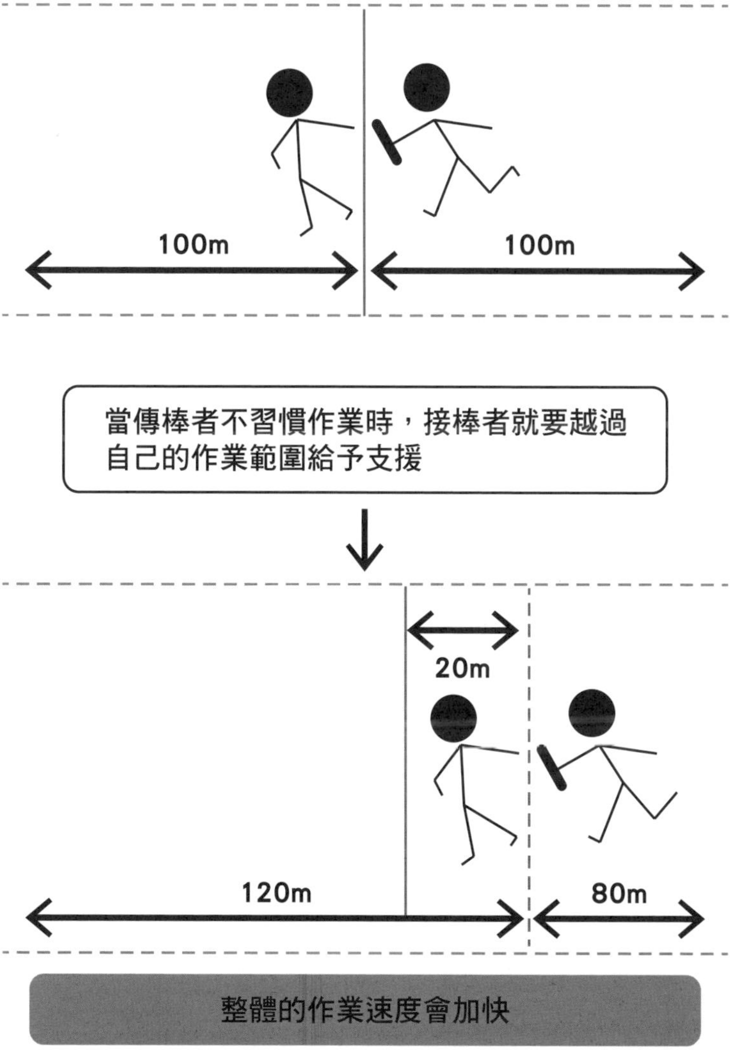
100m
100m
當傳棒者不習慣作業時，接棒者就要越過自己的作業範圍給予支援
20m
120m
80m
整體的作業速度會加快

LECTURE
75
帶著掃帚巡視工作現場

一談到溝通，許多人腦中會浮現大家一起喝酒聊天的聚會。的確，在日本社會裡，喝酒聊天也是縮短彼此距離的方法之一，不過，在日常工作中的溝通效率還是最好的。

指導師中島輝雄擔任工長時代，被分派到某課時發生這樣的事。這個課比較新，講白了就是集合一群個性剛強、獨來獨往的員工。也正因如此，職場的工作士氣低落。與以往待過的其他部門相比，中島發現這個課的團隊合作能力也落後其他團隊許多。

在該部門擔任工長的中島一開始做的就是，每天拿著掃把與畚斗，在工廠內到處巡視。

從那之後約三個月，中島一直都在工廠裡巡視，首要目的就是希望能盡量接觸所有部下。這樣無論發生什麼問題，只要看現場就一目了然。一對一談話時，也知道部下是以何種想法面對工作。

拿著掃把與畚斗在工廠巡視，自然就跟現場有所接觸。

例如詢問部下「今天還是有螺絲掉在地上，為什麼會這樣呢？」現場的部下就會思考發生的原因。

「可能是從零件箱拿出來時掉的。」

「會不會是因為放在不好拿的地方，所以才容易掉？」

「可能是放在高處，所以不好找。」

「如果是那樣的話，要不要另外找個地方放螺絲？」

「我覺得換到這邊的架子比較好。」

「這樣啊，那就試試看吧。」

像這樣，就算只是一個掉落在地上的零件，也能跟部下產生接觸，製造指導工作的契機。

中島採取這個方式不斷巡視問題多多的生產現場，一點一滴與現場作業員累積對話機會，藉此改變職場氛圍。

V製造與部下對話的機會

TOYOTA的主管會撥時間巡視生產現場。

指導師山田伸一為某高層主管製作會議報告的資料時，發現一件驚人的事實。主管是董事職位，所以應該沒有時間也沒有機會仔細查看現場。不過，該董事看了山田製作的報告後，掌握的內容竟然比山田他們寫的報告內容還多，也在會議中做了詳盡的發表。

如果沒看過生產現場，就說不出那些內容，所以山田內心很感動，「TOYOTA

的領導者無論高升到什麼職位，都還是會仔細查看現場」。

若是在辦公室，帶著掃把與畚斗巡視或許不符合現實情況。

不過，在辦公室裡還是有很多機會與部下接觸。

收受文件時、報聯商（報告．聯絡．商量）時、開會時、休息時間等，請試著運用各個接觸的機會，與現場員工對話吧。

要部下鄭重地找主管說話、討論並不容易。其實主管就算站著說話也無妨，輕鬆問一句：「A公司的案件順利嗎？」部下或許會回答「其實有件事情很麻煩……」，藉此就能了解工作狀況或部下的想法。

製造了解部下狀況、傳遞自己想法的機會是很重要的。

LECTURE

76 以關心的態度與員工對話

TOYOTA的主管會秉持關心的態度，積極製造與部下對話的機會。

雖說「對話很重要」，但或許有人不知道該說些什麼，也有許多主管以迫不得已的神情詢問部下「有沒有感到傷腦筋的地方」。然而，在還沒建立信賴關係之前，應該不會有人主動說出自己覺得傷腦筋的事情吧。

指導師村上富造說，花時間與部下接觸是必要的。

在最開始的階段，一般的日常對話就夠了，如「今天好熱啊」、「今天上午跟我老婆拌嘴，真傷腦筋哪」。重點是把你的心情傳達給部下，例如「我很關心你」、「我會為你撥出時間」，這樣就夠了。

有時候，主管也可以說出自己的煩惱，「為了這件事情覺得好煩哪」。把視線降到與部下同一個水平，讓部下知道「主管也跟我有相同煩惱呢」。不斷重複這些行動的過程中，部下就會逐漸打開心房，吐露心聲：「其實我有在想這件事……」

∨每天持續叫部下名字的主管

一旦知道主管關心自己，部下內心也會燃起幹勁。

不過，在TOYOTA裡，一名課長必須帶領二～三百名部下，以物理性來說，要跟所有部下對話是有困難的。因此，指導師山田伸一說他在課長時代，每天上午都習慣叫部下的名字。

「我的部門負責在生產線進行組裝，所以每當作業告一段落，我就會巡視作業現場，叫部下的名字、跟他們打招呼。內容大概也只是『○○，你今天好嗎？』這種程度的問候而已。不過，每天持續這樣做一小時之後，漸漸地就會記得部下的聲音、面貌、身體狀況、精神狀況等。如果對方說話音調怪怪的，就問一聲：『身體不舒服嗎？』『跟老婆吵架了喔？』這樣部下就可能回答：『好像有點感冒』、『其實早上跟老婆發生口角』。」

像這樣跟每一位部下打過招呼，部下就會覺得主管關心自己而感到高興，自然就會提高工作動力。

身為主管的你有關心部下嗎？光是關心還不夠，如果在態度上沒有表現出來，部下也感受不到你的關心。

只有幾名部下的領導者，如果一天連一句話都不跟部下說，那就是異常狀態。那樣的主管幾乎不了解部下的情況，部下也覺得自己被主管棄之不顧吧。

另外，部下也可以反過來，主動跟主管說話。不會有主管討厭部下打招呼的。

LECTURE

77

做不好的人要予以讚美

當部下犯錯，你一定很想罵人：「為什麼做不好！」不過，處於責罵滿天飛的職場裡，員工會日漸萎縮，成長也會受到阻礙。

指導師高木新治說：「TOYOTA裡有許多善於稱讚的主管。」

當然，不遵守規則或是損及作業員安全的情況，主管也是會當場嚴加責備。不過，「嘉獎並表揚個人的優點」可說是TOYOTA的文化。

高木指導某家公司進行改善，這是一家社長獨裁經營的公司。

如果員工失敗，絕對不容寬貸而是直接降級，員工們都是一些等待指示的人。「最好不要多嘴」的氛圍瀰漫全公司。

因為是那樣的社長，所以對員工只有怒罵，沒有稱讚。

「不過，以我的經驗來說，被罵還會成長的人少之又少。大部分的人都是被稱讚而產生自信，繼而發揮潛在能力。如果希望每位員工都積極投入改善工作，我認為社長在該稱讚時就必須給予稱讚。」

高木感受到公司嚴重的危機，所以舉辦改善的發表會時，他也確實聽到社長對員工說出珍貴的稱讚：「你發表的內容簡單易懂，很好。」

∨稱讚的語言是具有魔法的語言

後來，高木告訴社長：「前幾天，被社長稱讚發表內容的○○，現在已經是作業現場的核心人物囉。」聽到自己嘉獎的員工朝氣蓬勃地工作，社長也感到非常高興。從那天起，社長的態度逐漸軟化，偶爾也會稱讚員工。

社長獨裁經營的方式仍舊沒有改變，不過由於社長的稱讚，公司內部的氣氛變好，員工們也積極投入改善工作。指導師中山憲雄說：「稱讚的語言是具有魔法的語言。」

「說來也不怕大家誤解，其實謊話說了一百遍也會成真。所以，做不好的人就要稱讚。就算是小事也無所謂，就針對做得好的部分給予認同、稱讚。另外，當員工努力過後，就算失敗了，也不要只看結果，而要針對其努力的過程給予嘉獎地說：『你辛苦了。』這樣部下就會積極投入工作，自然也就會有所成長。」

你今天稱讚部下幾次了呢？

如果一次都沒有，或許你的部下根本沒有發揮潛藏的實力。

在你的稱讚當中，部下會產生自信，工作態度應該也會隨之改變。

LECTURE

78

稱讚「工作態度」

稱讚的訣竅就是，稱讚工作態度。

「你工作很認真呢。」

「這工作做得很仔細。」

「你加班加多久？兩小時真是太累了。」

「為什麼你這麼快就學會了？」

如果你稱讚對方的性格或容貌，可能會使對方產生複雜的情結，要特別注意這點。另外，或許你原本打算稱讚對方「工作總是看起來遊刃有餘」，但如果本人內心希望能加快速度工作，這樣是會造成反效果的。

還有，雖然這麼說有點技術論，不過稱讚時不要只說給對方聽，間接稱讚的效果也很好。

某位TOYOTA的主管說，不管當事人是否在眼前，他想稱讚時就會盡力稱讚。就算被稱讚的人不在現場，由於其他的員工聽到了，總有一天稱讚的內容也會傳到本人耳中。雖然直接聽到主管稱讚很開心，不過如果是透過別人傳來的稱讚，可信度更高，開心度也會倍增。

想稱讚A時，特意對B說「A的工作可以信賴」。經過一傳再傳，「部長稱讚A喲」的傳言也會進入A耳中。

∨不要只稱讚，也要指示方向

不過，指導師鵜飼憲說：「稱讚讓對方成長是很重要沒錯，但如果只有稱讚，也可能會在什麼時候來個大翻轉也說不定。」

這當然也依對方的性格而定。一味地稱讚，或許也會出現得意忘形而變得自大的員工。

稱讚時，不要只說出眼前的評價，還必須給予未來的方向性。

也就是說，一邊與部下談話，一邊了解部下三年後、五年後想做什麼樣的工作？會居於何種職位等，確認部下應該前進的方向並確立目標。同時，清楚了解部下的現狀，並確認對方應加強何種能力才能達成目標。

如果這麼做，部下會因受到稱讚而產生自信，也會朝正確的目標成長。

每個人的能力與技術各有不同，這是肯定的。因此，制訂一樣的目標引領部下前進本來就是不可能的事。而且部下成長的速度也不會一樣。

正因如此，要一對一互相確認「要加強這點」、「要學會這項技能」等。

透過這樣的做法，才能引導出個人最大的潛力。

LECTURE

79

資料「不是用來讀的」，是「用來看的」

「雖然你打算製作資料，但你是否做出一堆『紙料』或是『死料』了呢？」

這是TOYOTA前副社長・大野耐一說過的話。

無論是多厚、多充實的資料，如果內容都是一些不相干的文章或不需要的數據，那這份資料就毫無意義。如果沒有簡潔傳達結論或重點給對方，就只是浪費時間與紙張而已。

TOYOTA解決問題的基本做法是，在一張A3紙上簡潔整理出八大步驟。資料必須清楚載明「問題點」、「掌握現狀」、「目標」、「問題的真因」、「對策計畫」、「確認效果」等，讓讀者一目了然。

因此，寫法也要下功夫處理。避免寫出冗長文章，而以條列方式簡潔歸納內容，或是利用圖表、插圖等呈現好讀的文章內容。

透過創意功夫制度提出改善策略時也一樣，TOYOTA講求提案要簡單易懂。就算是相同內容的改善方案，也會因為閱讀的難易程度而給予不同的獎金額度。TOYOTA就是如此地要求員工的表達力。

指導師加藤由昭說：「主管經常告訴我：『我不想閱讀資料，給我看資料就好。』」

在TOYOTA裡，除了A3影印紙之外，也會利用A4影印紙做報告。寫法基本上跟A3一樣，重點都在於製作簡單易懂的資料內容。

就算工作忙碌，看到這樣的報告也能夠一下子就掌握重點，做出適當的判斷。TOYOTA的主管要求的就是這樣的資料。如果把時間花在用心閱讀資料，就可能產生延誤判斷的風險。

因此，雖然這麼說比較極端，不過看一眼就了解，無需用心閱讀的資料才會被視為珍寶。最重要的是，讀者看一眼就立刻明白這份資料想表達的重點。

V「給對方看」的資料能傳達你的熱情

辦公室裡堆滿各種資料。那些資料是否都成為紙料或死料了呢？

畢竟，再怎麼精彩的提案報告，如果資料的結論或重點不明確，就無法把重點傳達給對方。

再怎麼利用PowerPoint製作表格、充實數據，如果對方需要靜下心來研究數字所要呈現的內容，他就不會想讀這份資料。這些數字只不過是裝飾品而已。把數字化為圖表，簡潔呈現重點之後，才能把想表達的內容傳達給對方。

製作資料時，腦中意識著不是「給對方讀」，而是「給對方看」，相信對方一定感受得到你製作資料時的熱情與用心。

另外，如果想製作一份對方也了解的資料，自己就必須先調查、在腦中思考過才行。製作這種資料的體驗也會提高你的工作能力。

LECTURE

80

「後工程」裡隱藏著好點子

TOYOTA有句「前工程是神明，後工程是顧客」的名言。

無論自己做什麼工作，一定都有為自己工作做準備的前工程，以及接續自己工作的後工程。

如果後工程接到的工作不好做，不僅給許多人帶來麻煩，到最後倒楣的還是自己。如果不良品流到後工程，後工程當然就會發生問題，生產線也會因此停止。

指導師加藤由昭說：「意識著前工程與後工程，這是工作的基本態度。不過，如果跟等同於『顧客』的後工程溝通，可能會獲得意想不到的發現或想法。」

加藤為某家公司指導改善作業。由於與敵對企業的競爭以及市場的變化等因素，預測到工作訂單將會減少，所以該公司的生產技術部負責人正在研擬減少製作現場的員工人數以降低成本。

不過，加藤仔細詢問生產技術部負責人後，了解這只是生產技術部的對策，並沒有聽取現場員工的意見。生產技術部只是負責設計製造現場中使用的機器裝置而已，幾乎沒有接觸製造現場的工作。

因此，加藤對生產技術部的負責人說，「你的『客戶』不就是『製造現場』嗎？」然後建議對方前往製造現場考察。

結果現場的作業員們紛紛提出各種意見或想法，例如「應該多多這麼做」、「這樣的工作可以做得更好」等。對於作業員而言，有人願意傾聽自己的想法是很令人開心的。

從那之後，該負責人便定期出現在製造現場與作業員交換意見，或是討論各個部門發生的各種問題。

最後，他們也想出不用裁減人員就解決問題的好方法了。

V埋首於辦公桌也不會想出好點子

如果有個平台能與公司內部的後工程進行溝通，就能獲得資訊與創意，也會想出就算坐在辦公桌前抓破腦袋也想不出的好點子。

公司的組織變得越大，與公司內部的後工程溝通的機會也就逐漸減少。

可以在休息時間前往茶水間喝咖啡時，順便繞到其他部門露個臉，也可以跟其他部門的人共進午餐。

跳脫原來的空間，從另一個角度看待自己的工作，或許也會獲得意想不到的發現與創意。

LECTURE
81
賦予抵抗勢力責任

公司內部一定都有所謂的「抵抗勢力」存在。

當你想進行改善、開始一項新事物時，就會有人說「那樣做沒有意義吧？」「沒有那種閒功夫」等，提出各種反對理由而不想仔細了解內容。

指導師柴田毅說：「在TOYOTA裡，就算有抵抗勢力的人，也不會遭受排擠或漠視。」

「除非是很嚴重的情況，否則基本上都會把這些人列入團隊當中。最近由於扁平化的組織變多，所以跳過主管或同僚做事的案例也變多。但如果被如此對待，會讓這些人感覺『不受尊重』，事情運作會更不順利。比起這種做法，請這些人進入團隊，賦予他們某些責任，通常事情運作會比較順利。」

會形成抵抗勢力的多半是在組織中有疏離感的人，所以如果在團隊中賦予他們任務或責任，反而會形成助力。另外，如果成為當事者，他們也就不會一味地反對了。

指導師柴田曾經指導某企業進行5S。

組織專案成員時，指導對象的員工說：「課長一定會成為抵抗勢力。」

專案成員的主管，也就是課長，因年屆退休，所以對於特地花錢改變職場有著強烈的抗拒心態。他甚至說出「為了整理．整頓去請外面的顧問真是浪費錢」這種話。

課長要求完全不參與專案，不過，柴田特意決定讓課長擔任專案負責人，促使課長參加活動。

「我將透過5S擔任改善職場與培育新世代領導者的任務。還有，針對相關的進展跟成果，我一定會向○○課長您進行報聯商（報告．聯絡．商量）。」

像這樣說服課長之後，課長不僅沒有成為抵抗勢力，還自己想出活動的點子、製作改善工具等全力支援。假如課長真的被部下疏離，一定會成為真正的抵抗勢力吧。

指責並閃躲「抵抗勢力」很簡單，不過那些人所具備的能力沒有機會發揮，對於組織而言是龐大的損失。

形成「抵抗勢力」一定有其理由。有時只是單純跟主管不合，也有可能是因為現在的工作與自己原先期待的部門不同。

像這種時候，除了仔細詢問對方理由之外，如果把對方調到不同主管的單位，或是委任其他工作，通常對方的態度就會瞬間改變。

LECTURE

82

從「難搞的人」開始動手

組織裡面，有人引領著組織不斷獲得成果，也有人無論如何都無法融入組織與工作，一直無法獲得成果，當然也就出不了頭。

指導師們異口同聲地說：「TOYOTA的主管會引領實力遭埋沒的人才。」指導師土屋仁志也說，組織裡面一定有「特別奇怪、不被主管賞識，或是孤立的人」。

「在TOYOTA也是如此。我在指導的公司裡進行諮詢時，發現有人明明有實力卻被埋沒。即便周圍的同事都認為『那傢伙不行啦』，談話之後發現對方其實有自己的想法，也擁有許多驚人的創意。這種類型的人經過溝通後都會有極大的成長。」

土屋認為，組織裡大致上分為兩種類型的人。

A類型的人是言聽計從，老實地執行主管的指令。說好聽是順從，說難聽就是平凡。這類型的人雖然好用，不過沒有自己的想法，也難以發揮領導力。

另一方面，B類型的人有點奇怪，偶爾會對主管說出自己的意見，也是會頂撞主管的部下。對於主管而言，這類型的人既麻煩又礙眼，所以這種人很容易在組織中遭到孤立。不過，土屋斷言：「如果培養這種怪咖員工，組織就會不斷往好的方向發展。」

「對於主管而言，這類型的人或許是會被延後處理的人。不過，我會先從孤立的『問題員工』開始培育起。B類型的人擁有自己的想法，所以才會說出『這部分很奇怪』、『我反對那樣的意見』等想法。總之，先不論好壞，會與主管爭辯的人就是擁有『信念』的人。反過來說，A類型的人不太會思考，也沒有自己的想法，所以才會什麼都不說地跟在主管後面。

因此，一旦把Ｂ類型的人加入陣營，就會獲得百倍的力量。因為這類型的人思考周全，點子豐富，也能夠發揮領導力。如果善加運用這類型的人，將成為領導多數Ａ類型員工的人物。」

每家公司都會有奇怪類型的部下。

大部分主管都想轉移視線，不過，其實主管應該勇敢面對這種部下才對。

會對主管說出自己想法的人，某種意義來說也是發出「ＳＯＳ」訊息。不要一下子就斷定「那傢伙就是這種德性」，應該聽聽對方的不滿與牢騷。透過溝通，對方也會開始信賴主管。

LECTURE

83

報告時先說壞消息

「報聯商（報告・聯絡・商量）」是順利進行工作的基本動作。正因為部下正確且快速執行報聯商，主管才能正確判斷、迅速應對。

不過，許多職場要不是過度把報聯商視為理所當然，不然就是沒有確實執行。在這種職場裡，只因沒有執行一次的報聯商，就可能引發大問題或客訴等風險。

指導師村上富造說：「每一天幾乎都有問題產生。正因如此，TOYOTA公司制訂了報聯商規則，以迅速應對每天發生的問題。」

例如，當某個極重要的設備發生問題時，如果過了十五分鐘還沒有解決，組長就要向工長報告；如果工長花了三十分鐘還沒解決，則要向課長報告。像這樣，依照問題持續的時間，決定往上呈報的層級。因為生產線因問題而停止的時間越長，受影響的工程就越多。

事先建立一套確實往上呈報問題的機制，組織就能彈性地應對。

這種做法也可套用於辦公室的工作。

任何工作都不是一個人可以完全處理的。每件工作一定存在著前工程或後工程。假如你因為某個問題而無法如期完成工作，就會對後工程造成負面影響。

正因如此，當你知道問題將會影響後工程時，就要立即報告。例如，本來應該交給主管的文件因為某個理由而延誤，就要立即向主管報告。如果事前獲得通知，主管就可先與相關部門協調，或採取各種應變措施。

不過，如果你在快要交件前才報告「我來不及交件」，主管本身也會變得慌亂，能採取的應變措施也有限。

「想隱瞞問題或不好的情況」，這是一般人常有的心態。不過，困難或問題越晚報告，情況就會越惡化，最後就給別人帶來麻煩。越是壞消息才越要優先呈報。

或許很多人認為：「每件事都要報聯商，那也太麻煩了。」

於是不知不覺就輕忽報聯商。不過，其實報聯商不是只為主管而做的。

主管如果了解部下的進度，就能夠放心、適當地做出判斷。

另一方面，部下也可以獲得主管的建言。比部下擁有更多經驗的主管或許能透過報聯商，察覺可能發生的失誤或失敗，或是提供解決對策。

報聯商對於報告方也是有好處的。

LECTURE

84

不斷共享失敗案例

第一章提過，TOYOTA公司有一句話：「別苛責人，要檢討制度」。

有人會擔心，這樣「犯錯或失敗的當事人會缺乏責任感，把失誤推給別人」。

不過，指導師原田敏男說，這種擔心是多餘的。

「就算當事人沒有直接受到責備，不過由於已經給身邊的人造成困擾，也充分反省了。比起這點，更重要的是團隊成員要討論、共享這次的經驗，避免再度犯下相同錯誤。這樣，就可預防團隊再度犯錯，並提高成員的團隊合作。團員們會認為『其他人代替自己犯錯』，就不會苛責犯錯的人了。」

以足球比賽來說，守門員犯下讓對方得分的直接失誤，乍看是守門員的錯。但對整個團隊而言，原因可能出在中鋒，或是教練的戰術有問題。因此足球選手不會攻擊犯錯的隊員，而是追究造成失誤發生的原因，以避免再次出錯。

∨對於犯錯的報告要說「謝謝」

TOYOTA的團隊不會把責任強加在失敗或犯錯的個人身上。因此，員工不會隱瞞失敗或過錯，而能夠誠實往上呈報。

原田說：「我以前待的沖床工程部門，一旦發現裂縫的跡象，不管再怎麼細小也要往上呈報。主管會邊握手邊道謝：『謝謝你主動呈報。』有時還會發獎金。」

本來失敗是大家都想隱瞞的事，但如果考量到失敗也是把工作做得更好的契機，就應該不斷把失敗分享給大家才對。

LECTURE

85

根據事實互吐真心話

依照不同狀況而定，有時針對敏感的事，也不得不說出真心話。

像這種時候，必須根據「事實」而說。事實就是現場的數據或現象。

指導師為了改善而來到指導公司時，一開始現場員工會採取「這些人來幹嘛？希望不要多管閒事」的態度。人都是討厭改變的，所以某種程度來說，這也是莫可奈何的反應。

若想讓那樣的現場員工主動改變態度，就要讓數據等事實說話。

例如，如果是不良率過高的現場，就要透過數字說明「如果不良率繼續維持在十二%，一年就會損失一千萬日圓，大家明明都這麼努力工作，這種結果不是讓人覺得很遺憾嗎？」接著，進行實際上能馬上執行的簡單改善措施，嘗試降低不良率。

由於現場的作業員最常體驗到因高不良率所造成的白費功夫，所以只要像這樣以客觀數據呈現改善效果，員工的觀念就會一下子改變。

V「客觀的數據」不會傷人

當然，「事實」很重要這點也一樣適用於辦公室。

例如，你在一場即將決定是否結束經營不振的事業的會議中發言。如果設想這個判斷將會對你的公司或工作帶來重大影響，發言就不能含糊不清。

「業績占比已經連續六個月下滑。」

「九州地區的業績以十％的漲幅成長。」

如果是如前者般的客觀事實，就可能做出果斷結束的判斷；若是後者般的事實，判斷也可能變成「參考九州地區的成功案例，採取橫向展開的策略」。

不過，如果不根據事實，「好像業績不佳，所以應該檢討是否該結束事業了」，若以這樣的感覺或情緒說話，就會造成對方的反彈。

「這個產品跟別家公司相比，功能更優異，所以一定能夠捲土重來」，現場可能會出現這種毫無根據的意見，也可能說出「哎呀，再觀察看看吧」這種拖延的說法。

根據事實討論，才能夠冷靜地說出自己內心的真正想法。

LECTURE

86

「有錢」能使鬼推磨

指導部下工作時，我們會說「這是為了公司」、「這是為了客戶」。這種說法或許沒錯，不過卻無法感動部下的心。

就算你對部下說「這裡產生了浪費，所以要這樣做」，部下可能當場會照你說的做，但不會成為持續性的行動。

比起前述的說法，如果改成「這樣做會比較輕鬆」，部下就會認同而付諸行動。

指導師加藤由昭曾經到某醫院指導改善工程。

那家醫院發生了一些問題，例如「健檢業務沒有達到目標人數」、「病患等待的時間太久」。

加藤仔細觀察後發現，在某樓層的某個地方，有人等著進入準備室，也有人等著進入檢查室，現場一片混亂，護理師就得一邊喊「某某先生／小姐！」一邊找人。

因此，他們把這樓層的椅子分為綠色與粉紅色兩種顏色，引導要進入準備室的人坐綠色椅子，要進入檢查室的人坐粉紅色椅子。這麼一來，護理師就不用一邊大聲喊「某某先生／小姐！」一邊找人，人員的移動也變得順暢了。

「剛開始進行改善指導時，對方也會呈現警戒狀態。『會不會變得更麻煩？』『自己的做法會不會遭到否定？』所以最重要的是，一開始就讓對方切身體會到，這麼做就能馬上看到成果，也會變得輕鬆。」

∨思考「怎麼做才會獲得好處」

這也可以應用在指導部下時。與其不分青紅皂白就命令部下「你要這麼做」，不如讓對方察覺「這樣做會變輕鬆」，而主動改變做法。

指導師清水賢昭說，他以前都會讓部下知道改變的好處，例如「怎麼做會變輕鬆」、「怎麼做才會得到好處」等。

汽車工廠的生產線上，作業員只是平淡地重複相同作業。當公司業績好，一小時要製作六十輛汽車時，作業員就必須專心地快速作業才行。有人當然會對作業本身感到厭煩。

像這種時候，清水就會對部下強調工作的好處。

「存一百日圓跟存一百零五日圓，哪一個比較好？我要選一百零五日圓。那麼想想你的薪水，領二十萬日圓跟領二十一萬日圓，哪一個好？當然是二十一萬啊。如果努力工作減少不良品，不僅公司的利潤會增加，薪水也會提高，到最後好處還是回到自己身上。」

如果跟自己的利益有關，人就會受影響。

清水從TOYOTA退休後，便在指導的公司中利用提示好處的做法來引發員工的幹勁。

某指導對象的業務員們訪視所有店鋪後，回到家都已經是凌晨，加班變成常態。

多數業務員對於這種狀況感到不滿。

因此，指導師問他們以下問題。

「你想減少加班嗎？」

「是的，我希望能準時回家。」

「那麼，你覺得要怎麼做才能如願呢？」

「要提高業績，儘快達成目標。」

「若想提高業績，要怎麼做呢？」

像這樣讓對方主動動腦，思考「該怎麼做才能讓自己達到可獲得好處的狀態」，就有可能消除對方目前對工作所抱持的不滿。

LECTURE

87 把腦中的想法具象化

就算腦中好不容易浮現引以為傲的想法，但如果無法傳達完整概念給主管或客戶，想法也不會成真。光靠語言、資料，無論如何都很難傳達給對方。

指導師中山憲雄說：「在TOYOTA裡，多半是讓對方實際操作或製作來傳達想法。」

假設有一個改善的想法是，把一千八百公厘的冷氣配管改為一千七百公厘，這樣就可以省下一百公厘的成本。像這種時候，事實勝於雄辯，就把兩種長度的配管實際並列說明。

接著，如果說明「減少一百公厘就會大幅降低成本，假設製作五十萬台冷氣，就會省下數千萬日圓的成本」，相信大家一定都會「立刻執行」吧。

指導師進入指導的企業時，剛開始會協助改善的只有現場的少數人。以現場人員的立場來說，由於必須改變自己一直以來的做法，所以指導師就是「麻煩的存在」。在那樣的現場，指導師首先要做的就是讓所有人看結果。

例如，作業員如果一直彎腰拿零件，就把放零件的地方架高，這樣作業員就不用彎腰；如果不良率過高，就讓作業員看到透過改善能降低不良率的結果。

像這樣，親眼看到並了解改善對自己有好處，作業員就會馬上改變態度，加入協助改善的行列。

V與完成度無關

如果無法透過語言說明，那就化為實際形體吧。沒有其他東西能比現物更具有說服力了。

如果想在公司內部通過新產品企畫案，就嘗試製作樣品或實驗性版本的產品。

如果是難以化為形體的商品，就讓對方實際體驗類似的商品或服務，這也是方法之一。

這與完成度無關。就算明顯是手製的樣品，「有」跟「沒有」的差別就很大。在簡報中，有沒有看到完成品的想像畫面，結果將會大不相同。

另外，把想法化為實際形體也能呈現簡報的熱情。每次傳達想法時，只要多費一、兩番功夫，對方就一定能感受到你內心滿滿的能量。

CHAPTER 7

執行力

立即獲得成果的TOYOTA「執行力」

「有批判力卻沒有執行力，
這種技術人員無法製造汽車。」

——TOYOTA汽車工業創辦人．豐田喜一郎

LECTURE

88

有「六成」把握就做了！

指導師在各企業進行指導時，經常聽到的，就是經營者不滿「員工們很難付諸行動」。

「等準備妥當」、「萬一失敗就慘了」，可能有很多人因為這樣的理由而不想行動吧。

畢竟，每個人都怕失敗。如果失敗了會遭受負面評價。所以，難以付諸行動也是實情。

TOYOTA裡，有一句鼓勵現場作業員付諸行動的話。

指導師山田伸一說，他經常對指導對象的現場員工說，「如果覺得有六成把握就馬上行動吧」。

如果是五成，機率一半一半。成功與失敗的機率一樣，所以大部分人會覺得要成功並不容易。

相反地，「如果有七成把握……」、「如果有八成把握……」，也還是有很多人躊躇不前。因為一旦比率拉高到七成、八成，大家就會抱持「成功是必然」的強烈印象，反而因為擔心失敗而變得慎重。

所以才會說「如果覺得有六成把握就馬上行動」。

TOYOTA公司除了「有六成把握就馬上行動」之外，還有許多鼓勵員工立刻行動的話。

最常被掛在嘴邊的一句話就是「總之，只要自己覺得好，就算失敗也要行動」。

如果自己覺得好就不要遲疑，動手做就是了。萬一失敗就馬上住手。其實就算失敗了，那就放棄再回到原點就好。

失敗的人如果坦承「我嘗試過了，但是沒成功」，那就沒有問題。TOYOTA的員工都曾經失敗，所以也不會對你的失敗生氣。也正因如此，TOYOTA的員工會不斷付諸行動。

山田說：「TOYOTA的員工如果感覺三、四成『可行』就會付諸行動。例如會議中部下提了一個好方案，如果覺得『這個想法不錯耶』，就會馬上行動。」

你的慎重態度會不會有點過頭呢？當然，你不能給顧客帶來麻煩，不過如果是個人方面的改善，就算失敗影響也有限。

舉例來說，如果想到一個有趣的想法，先整理在文件上試著向主管提案。如果真的是好想法，主管應該會採用，也或許會提供一些線索把想法修正得更好。這麼做對你有益無害。

如果還是擔心失敗，那就先從自己能做的做起，不要把其他人捲進來。很多情況是，嘗試行動後才意外地發現其實進行得很順利。

「有六成把握就做」，以這句話為暗號，開始行動吧。

LECTURE

89

拙而速勝過巧而慢

TOYOTA多數指導師都聽主管說過：「改善請重視拙而速，而非巧而慢。」所謂「巧而慢」指的是想法好但是花時間。為了確實做好改善而拚命努力，花了好幾天的時間擬定對策。當主管詢問：「改善完成了嗎？」你只能回答：「請再等一下。」雖然擬定綿密的計畫，但花了太多時間才付諸行動。這就是「巧而慢」。

另一方面，所謂「拙而速」就是成果雖然還不夠好，不過總之就是速度夠快。就算嘗試進行的改善遭到批評「這做法太不成熟」，也要快速地嘗試看看。

在TOYOTA公司裡，總之先做做看的「拙而速」備受重視。

某位指導師在曾經工作的TOYOTA工廠裡遇到一個問題，「後側圍裝飾板蓋的零件很容易損傷」。後側圍裝飾板蓋是汽車後座的零件之一，體積既大且組裝不易，而且一旦損傷就無法使用。

因此，搬運後側圍裝飾板蓋時要特別小心。為此，工廠還訂製專用的推車，一次吊十五片，小心翼翼地搬運。即便這麼注意，後側圍裝飾板蓋也會因為互相碰撞而受損。兩片之間必須鋪上防止損傷的保護墊才行。

那時，有一位班長提出一個方案：「把汽車的腳踏墊放在後側圍裝飾板蓋之間，就像窗簾那樣垂掛下來如何？」

一開始，周圍的人都反應「這種做法也太幼稚了吧」，但實際試做之後，發現後側圍裝飾板蓋都沒有損傷。

改善如果想太多就無法進行。比起想這想那的，先動手做最重要。然後一邊做再一邊整理想法，使之趨近於完美即可。

V就算是小事也好，先踏出第一步

舉例來說，假設工廠的階梯等地方會被雨淋到。下雨時就有人差點在階梯滑倒。聽到這種小危機的報告時，也需要進行拙而速的改善。

立刻在曾經有人差點滑倒的地方貼上止滑的砂紙，光是這麼做就能提高安全性。

不過，到了晚上階梯就變得不容易辨識，而又差點造成傷害。所以就趕緊在階梯塗上螢光漆，就算燈光昏暗也看得清楚，如此就能確保夜晚行走的安全。

至於讓雨不會淋到的對策，如加蓋屋頂或陽台，就等日後再來花時間擬定。

大多數的人會把時間花在討論・檢討・妥協等，但卻難以付諸行動。

感覺現在打算進行的方法還不夠成熟，「等我找到更好的方法再來行動吧」，如果這麼想，改善就會不斷延遲下去。

再怎麼不成熟的想法也沒關係，先踏出第一步吧。就算只有一格階梯，總之就是先抬起腳往前進。

試著往前踏出第一步之後，就會看到起步前不明白的事，也會想出更好的方法。

首先就是行動——光是內心記住這點，你的工作速度就會不斷提升。

LECTURE

90

以「數值」呈現目標

在TOYOTA公司裡，執行工作前要先制訂目標。當然，部門也有部門的目標，改善或解決問題等也都要先制訂目標後再付諸行動。

目標是指示目的地的路標。如果目標不明確，好不容易採取的行動就成為浪費。

決定目標時，TOYOTA會具體設定以下三個要素。

・做什麼
・到何時為止
・如何做

例如，想要解決「不良品的產生」這個問題時，設定目標就要如以下的範例。

・做什麼↓減少不良品
・到何時為止↓到三月底為止
・如何做↓把不良率降到○・○一％以下

重點就是，要以數值呈現。

「減少不良品」不是一個完整的目標。如果是這種模糊的目標，就算減少一件不良品也算是達成目標，但這樣稱不上是解決問題。

必須在「如何做」的部分有清楚的根據。

這裡所謂的「根據」，就是具體的基準・標準。

清楚確定工廠內有多少不良品，根據數據或部門的目標呈現具體的數字。

設定期限也是很重要的。如果沒有設定確切的期限，很容易變成一個只是「想達成」的願望而已。不只是為了自己，也為了讓部下或團隊付諸行動，制訂期限就成為很重要的機制。

∨不以抽象用語描述目標

指導師大鹿辰己說：「重要的是，目標要盡量數值化。」

如果是製造業，比較容易取得數據資料，不過業務、行政部門或是服務業等，則多半難以數值化。

例如，如果目標是「提高品牌形象」、「提高顧客滿意度」，「如何做」的部分就很難數值化。

即便如此，下一些功夫盡量把資料數值化，就能帶著熱情與責任感往目標邁進。另外，透過數值也能具體感受到做了哪些改善。

舉例來說，如果目標是「提高顧客的滿意度」，光是「把店裡的廁所打掃乾淨」的目標還不夠，必須清楚顯示達成目標的各項基準，例如「一個小時一次，員工換班時就要打掃一次廁所」。

設定目標時，不使用抽象用語也是必須注意的重點。

例如以下的用語。

- 努力
- 提高效率
- 徹底
- 應對
- 討論

如果使用模糊不清的用語，無法達成目標時就會成為逃避責任的藉口。例如「已經很努力」，這個基準只能靠主觀判斷。

從這個意義上來說，以具體數值呈現是很重要的。

LECTURE

91 任何事都要決定期限

在ＴＯＹＯＴＡ裡，不只是目標，所有工作都要清楚決定一個期限。

例如，主管與部下都同意，決定「就做這件事吧」。大部分主管都會決定完成期限，然後就放手交給部下，「那麼，兩週後我來驗收成果，你要在那之前完成」。兩週過後，主管就會依照約定的時間，前來確認哪件事做到哪個程度。

指導師山本政治說，在ＴＯＹＯＴＡ任職的時代，主管曾經給他三億日圓的預算，然後說：「要用一年半的時間完成這個專案。」

那個專案是進口美國與英國生產的汽車，並在日本國內銷售。因此，為了讓進口車符合日本國內的標準，所以要先行試做製造，進口的外國車也得做全新的配置。

不僅要處理人員與設備的問題，例如誰要在哪個部門做什麼工作、需要哪些設備等，而且還得在一年半之內完成。

山本回憶起當時的情況。

「在一年半的期限到來之前，主管只對我說：『加油！』他只決定完成期限，其他就交給我全權處理。在期限之前，部長、次長都不曾插手干預。」

∨不逃避「非緊急但重要的工作」

在TOYOTA裡，任何事情都一定會決定完成期限。另外，一定要在期限之前完成。

如果主管說，「兩星期後我再來看成果」，在這當中主管會對部下很親切。在中間階段，就算工作沒什麼進展，主管也不會多說什麼，也不會生氣或罵人為什麼做事慢吞吞的。

只是，當兩星期的期限一到，如果主管來看，發現部下什麼都沒做，也沒採取任何行動，主管就會嚴厲斥責。

所有的工作都有期限，在期限內的行動全權交給部下處理，這就是TOYOTA的工作方式。

你的工作中，是不是也有期限不明的狀況？

緊急的工作因為急迫，所以會注意期限處理。不過，由於處理日常的工作就已經忙得不可開交了，所以思考戰略或企畫、人才教育等重要的工作就很容易被延後。另外，例如課題設定型問題這類「不緊急但重要的工作」，就更容易被拋諸腦後了。

所以，重點就在於，不緊急的工作也要確實決定期限。這時一定要與主管或同事共享期限。自己一個人決定的期限很容易會覺得「唉，算了」而往後延。

LECTURE

92 為了更接近「理想樣貌」而設定「目標」

決定目標時，要注意一個重點。

那就是「理想樣貌」與「目標」不見得會一致。特別是在解決問題時，這是經常會犯的錯誤。

尤其是提出高水準的「理想樣貌」時更要注意。假設現在的「理想樣貌」是「把A商品推向業界第一品牌的地位」，那麼「把A商品推向業界第一品牌的地位」就不是目標。

「A商品在國內的業績比前年度增加二十%。」

「A商品在國外的業績比前年度增加五十%。」

「A商品在國內的認知度增加三十%。」

一定要像這樣制訂具體的目標才行。

「業界第一的品牌」這種崇高的理想樣貌，通常光靠一項對策或一個目標是無法達成的。一般來說，若想要實現理想樣貌，必須達成數個目標，或是根據計畫一步步前進才行。

∨「理想樣貌」≠「目標」

指導師柴田毅說：「在基礎尚未穩固之前，就算一下子就以崇高的理想樣貌為目標也難以實現。」

柴田接受某地方政府的委託，「希望配合新的政府辦公大樓的遷移，指導辦公室的5S（特別是整理．整頓）」。

新的辦公大樓空間只有目前的三分之二，不過舊大樓裡塞滿了無法丟掉的資料與紙箱。把這些東西減少三分之一並進行整頓，是這次最主要的課題。

以這個案例來說，「實行5S，順利搬遷到新辦公大樓」就是所謂的目標。

不過，這與理想樣貌不同。在指導5S之際，柴田詢問職員後了解到，對於職員而言，理想樣貌是「充實服務民眾的內容，讓民眾覺得開心」。「搬到新的辦公大樓」與「服務民眾」，乍看或許無法產生聯想。不過，透過整理．整頓新辦公大樓，提高職員的工作品質與速度，這也會影響服務民眾的內容與品質。

遷移到新辦公大樓之後，有著「民眾服務」的理想樣貌。反過來說，如果搬遷到新辦公大樓做得不成功，就沒有把握能達成理想樣貌。

在設定目標的階段中，不是實現「理想樣貌」這個目標，而是在達到理想樣貌的過程中設定目標才對。

「理想樣貌」與「目標」不一致

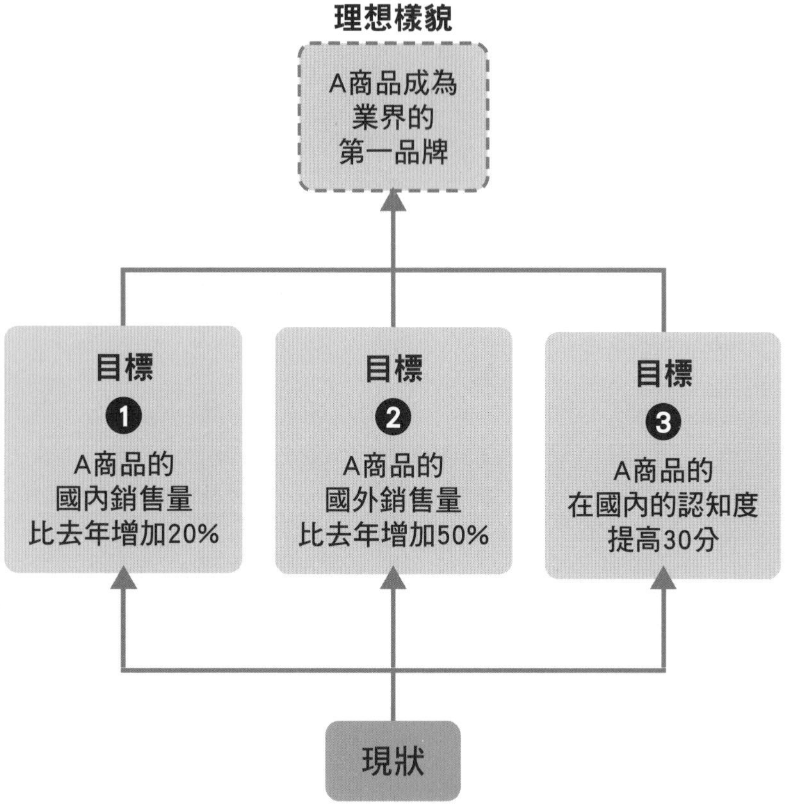
理想樣貌
A商品成為
業界的
第一品牌
目標
1
A商品的
國內銷售量
比去年增加20%
目標
2
A商品的
國外銷售量
比去年增加50%
目標
3
A商品的
在國內的認知度
提高30分
現狀

LECTURE

93

「制動作用」

TOYOTA不會把成功的過程（成果）當成暫時性的現象任其結束，而是習慣將整個過程與成果化為「機制」落實執行。這樣的做法稱為「標準化」。

簡單說，就是建立「任何時候，由誰來做都能做出相同成果」的機制。因此，在TOYOTA裡，一個人的智慧或成果能與大家共享，各地方的工廠也能做出同樣高品質的工作。

TOYOTA有許多說明作業標準的「操作手冊」，就算是新手進來，也能與其他人一樣，完成相同作業。

這種決定「標準」的管理方式，員工也理所當然地遵守標準，TOYOTA稱為「管理的落實」。

指導師大嶋弘是這麼說的。

「TOYOTA把『標準化』與『管理的落實』合稱為『制動作用』。因為在TOYOTA裡，解決一個問題不算結束，而是要達到『制動作用』，把標準化的作業落實並習慣執行，這樣問題的解決才算真正完成。接著還要把重心移到下一個問題。總之，TOYOTA的改善（解決問題）是半永久的持續性工作。」

進行「標準化」與「管理的落實」的步驟如下。

❶把暫時制訂的作業方式視為正式的「標準」方式，並且公布。
❷決定管理方式，制訂標準類別。
❸公告新的（正確的）管理方法。
❹訓練作業的正確做法。
❺以現地．現物確認是否維持做法。

步驟❶、❷屬於「制動作用」的範圍，至於步驟❸、❹這種把成果擴大到相關部門，TOYOTA稱為「橫展」。

如文字所示，「橫展」就是「橫向展開」，也就是把自己擁有的知識技術推廣到全公司。

假設解決了「減少客訴」的問題，就不能只把過程公開給自己的部門，也要分享給其他部門，讓全公司共享成功的解決過程。

譬如說，某業務員處理「無法掌握顧客需求」的問題，最後製作了一份填寫顧客屬性與需求的「顧客意見調查表」後，解決了此問題。

這時，如果把這份「顧客意見調查表」公開給全公司，提供給其他業務員或其他業務單位作為統一格式運用，所有業務員都將同時提高水準。這就是「橫向展開」的概念。

「標準化」與「橫向發展」強化現場力

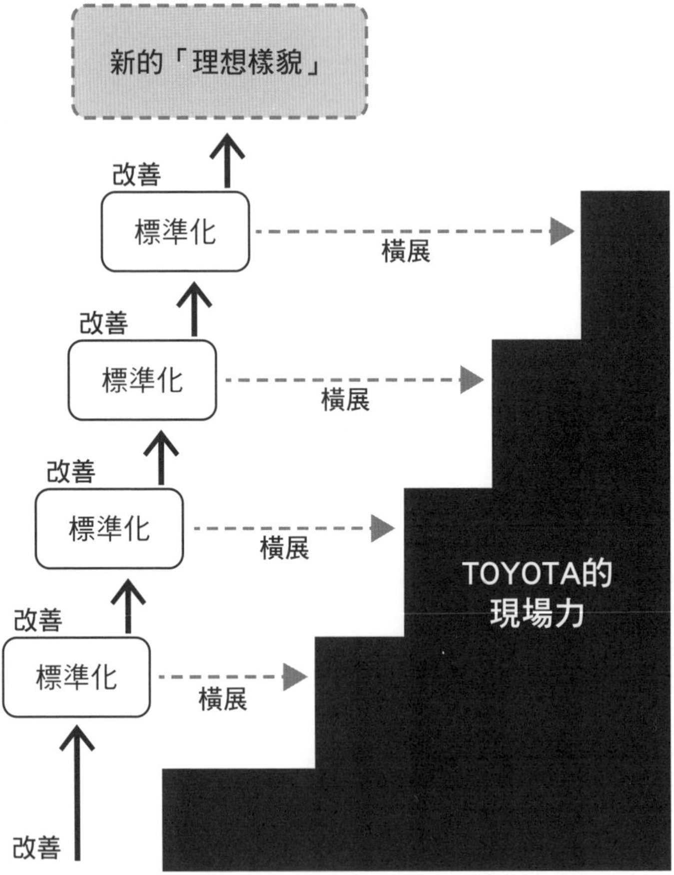

LECTURE
94
成果要「橫向展開」

許多人都會獨占工作成果或知識技術。

例如，公司研發了讓某車款的動力傳輸更順暢的加速裝置，如果把此裝置套用到其他車款，就能降低成本，也有利於顧客。

不過，如果研發部門堅持「這是我們的成果」而緊抱著這項技術不放，對公司而言就是巨大損失。

我們也理解想獨占成果的心情，不過公開自己的知識或成果，與部門其他人一起共享，能提高公司整體的業績，也提高對公司的貢獻度。

因此，TOYOTA積極推動「橫向展開」的概念。彼此互盜技術、切磋琢磨。在TOYOTA裡，如果研發出好東西就會不斷發表公開。TOYOTA沒有「只有自己好」的藏私文化。

舉例來說，如果自己製作的業務資料受到顧客好評而成功簽約，就把這份業務資料分享給其他業務員或部門，讓大家都能夠使用。這樣其他業務員或部門開心，最後顧客也高興。

當然，公司必須建立橫向展開會得到正面評價的機制。如果沒有這樣的機制，可能就有人會產生無力感。不過，如果慷慨地進行橫向展開，最後一定會有人看見，因為位居組織高層的人會想把個人的成功案例轉變為整個組織的力量。

只是，請各位務必了解一點，如果是高層要求「你要這麼做」，以便推廣到整個組織，這不叫橫向展開，而是「方針展開」。

就算經營者下達命令說：「從今天開始要徹底做好整理．整頓」，最後也會不了了之，因為這不是橫向展開。

橫向展開始終都是工作現場的人主動完成的改善並且橫向推廣。因為是現場員工開始動手做的，所以也會擴展到其他部門。

∨在自己的職場之外，積極吸收好的事物

橫向展開不只是公開成果，也是不斷吸收公司其他部門、或別處正在進行的良好經驗。

指導師原田敏男說，他曾經帶著自己指導的企業的專案成員到TOYOTA的工廠參觀。

指導的企業當時剛開始出現改善的成果，所以員工的改善意識高漲。

成員們看到TOYOTA的工廠，紛紛讚嘆「工廠內部井然有序，確實做到整理・整頓」、「完全沒有等待的空檔時間」、「作業員的動作毫無浪費」等，了解到自己的程度還差得遠，同時也有成員提出，可在自己的工廠試著模仿可行的部分。

不用說，他們回到自己的工廠後，比以前還認真投入改善的作業。

一旦親眼目睹進行順利的案例或成果，內心就會企盼吸收這些經驗，並且以做得

更好為目標。然後再把這個經驗橫向展開，更進一步往上提升。

從工作上給予刺激的意義來說，看到視為模範或目標的對象之工作態度或職場環境，想必會帶來可預見的效果。

例如，向自己崇拜的職場前輩請益，或是與公司外部不同業界的人們交流等，都會大大地受到良好的刺激。

在TOYOTA也一樣，員工會在非正式活動中積極與相同業界的公司或完全不同領域的公司的人交流、學習。

貪婪地向好的事物學習——這就是TOYOTA的工作現場不斷進化的祕訣。

LECTURE

95

橫向串聯組織

指導師中山憲雄曾受僱於某大企業，指導該企業「在組織內部進行橫向串聯」。該企業的組織不僅龐大，各工廠都獨立為子公司，而且幾乎沒有互相交流。此外，各子公司內生產效能、成本率、不良率等數字指標也都散亂不一，產品品質與作業員的能力也各有差異。

統一指標、提高生產力是必要的。

因此，指導師引進「工廠診斷士」這種公司內部資格，作為進行企業內部橫向串聯的方法。選出熟悉製造現場的幾名技術員作為「工廠診斷士」，讓他們巡迴各個工廠。他們的任務是提高現場的生產效率以及教育作業員。簡單來說，目標就是把「改善的文化」落實到全公司。

其實，工廠診斷士的範本就是ＴＯＹＯＴＡ的生產調查部。這是大野耐一建立的部門，把ＴＯＹＯＴＡ式生產引進各工廠，就像是指揮總部般的組織。工廠迎接生產調查部職員時，工廠負責人還要對職位比他低的生產調查部職員鞠躬迎接，可見得該部門多有威望。

雖說如此，對於接受指導的工廠而言，他們還是不了解工廠診斷士這個職位的意義。雖說手臂上的權威臂章以金色字體寫著「工廠診斷士」，但工廠的人一開始還是抱持著「不要多管閒事」的心態。

不過，當工廠診斷士進入工廠，指導降低不良率等改善之後，作業員們的狀況明顯有了改變。因為產品的不良率太高會大大地降低作業員的工作動力。正因如此，成功降低不良率讓現場員工非常開心。

就像這樣，工廠診斷士在全國工廠交出漂亮的改善成績，同時統一指標的工作也成功完成。現在工廠診斷士已經增加到二十位了。

∨橫向展開的持續進行與落實

工廠診斷士的制度還有一個很大的好處，就是改善案例的橫向展開與落實。

透過工廠診斷士，一個工廠的成功改善也能運用在其他工廠並獲得成果。這是以前每個工廠個別進行改善活動時所無法看到的成果。

而今，只要公司一公布即將舉辦各工廠的改善成果發表大會，全國工廠的員工就會齊聚一堂。

就算生產的產品或工廠環境多少有些差異，不過由於工作性質類似，所以對於改善的內容很感興趣，而且自己的工廠也能馬上模仿改進。員工帶著改善成功的資訊，以自己工廠的風格加以變化，又更往上提升與進化了。

如果像這樣「橫向展開」改善、「落實」改善，則公司整體的生產力就會提高。

LECTURE

96 就算多個〇．五公分也要努力

ＴＯＹＯＴＡ經常會讓員工相互競爭以提高彼此的程度。

例如，讓ＴＯＹＯＴＡ的工廠與外包工廠製作相同車款。如果結果是外包廠商做得比較好，生產效能也高，就毫不客氣地把ＴＯＹＯＴＡ工廠做的工作轉移給外包工廠，同時做出縮小ＴＯＹＯＴＡ工廠的判斷。

如果工廠被縮小，員工就會被調派到其他地區工作，所以雖說是ＴＯＹＯＴＡ的員工，也無法高枕無憂。

另外，在工廠內部也會讓數個小組做完全相同的工作。如果是相同工作，就能簡單比較不良率或生產效能等指標，所以彼此間會產生「絕對不會輸給你」的心情來切磋技藝。

指導師加藤由昭證實：「由於TOYOTA有這樣的文化，所以每個職場都存在著就算只比別人進步〇・五公分也要努力的員工。」

「TOYOTA公司裡有各種不同的員工。不過，比別人更快成長、出頭的人，並不是因為他們有多優秀，而是因為他們比別人多努力一點，工作上多花一些功夫。

事先掌握主管可能會感到困擾的問題並採取對策，或是身邊同事討厭的工作自己率先動手做……因為有前輩這麼做，想說自己應該也做得來，於是在休息時間為團隊所有成員泡咖啡。找到工作中僅有的空檔做準備，針對每位成員的喜好加入砂糖或牛奶等，等休息時間一到，就立刻遞上咖啡。

雖然看似若無其事的舉動，但由於沒有其他的人做，所以主管或身邊的同事都會非常開心，光是讓人覺得『那傢伙跟一般人不同』，就得到預期的效果了。現在回頭看，這種微不足道的『努力』，會為日後的自己帶來成長以及他人的協助。」

V工作上光是多一道功夫就會造成差異

比身邊同事多幾倍的努力會很辛苦，不過如果努力比別人多成長〇・五公分，就能提高自己的能力與技術，主管也會肯定你的努力而給你更多機會。當然你自己也會更有自信。

一開始不必做些困難的事情。例如，如果主管請你「影印資料」，就不要只是影印而已，而要配合影印資料的用途裝訂、編號。腦中揣測「這麼做主管會開心」，然後在工作上多加一道功夫。

雖然這種小事每個人都辦得到，不過如果你每天持續做實際上沒有人做的事，就足以讓你比其他人好上那〇・五公分。

如果很難揣摩主管的想法，也可以在自己經常做的工作上多努力〇・五公分。若是業務員，多打五通電話，每天多拜訪一家客戶；提交的文件不要拖到最後一刻，而是提早一天交件。這種積極向前的態度一定會帶來正面的成果。

LECTURE

97 不要追求「零失誤」

TOYOTA的領導者們設定高目標之外，也很重視趨近於目標的中間過程。

指導師原田敏男說：「工作上要求零失誤，那是不可能的。所以，必須以進步多少的觀點來看待工作。」

例如，沖床工作的極致目標就是零不良品。但再怎麼高精密度的工作也無法做到零不良品。就算是○・○一％的比率，也是有不良品出現。

如果一整天中機器持續運作，沒有不良品產生，這天就算達成目標；隔天出現不良品，就沒有達成目標。但工作上不可能做到「零失誤」。

當然，我們要以零不良品為目標，不過如何增加零不良品的天數，這也是重要的指標。

十天當中有七天零不良品，三天出現不良品，那就是七勝三敗。既然如此，下一個十天就挑戰八勝二敗、九勝一敗的紀錄。

像這樣重視每天的進步。只要持續進行，就能確實地往零不良品更近一步。

指導部下時，這樣的觀點也很重要。特別是年輕員工或對工作陌生的人，要把焦點放在進步的程度。

對於有實力或能力的員工設定高目標，能促使他們快速成長，相反地，如果對實力或能力較差的人一下子就設定高目標，而且沒有達成就予以斥責，員工將會不斷流失熱情與幹勁。

如果員工從一勝九敗進步到二勝八敗，就要給予稱讚與好評。透過這樣的做法，員工就會產生自信並成長。

指導師高木新治的說法是：「竭盡全力很重要，結果如何則其次。」

「利用車床進行削切作業，基本上不可能做到毫無誤差的結果。再怎麼集中精神努力削切，也都可能發生些微的增減。要做到『零增減』需要神的技能。可以說任何工作都一樣。再怎麼竭盡全力，也都會有正有負。正因如此，不只是結果，是否竭盡全力的過程也很重要。如果竭盡全力，就一定會提高戰勝率。」

你今天的工作是否比昨天更進步呢？

盯著自己的目標，就算只有一步也要超越昨天的成績。這樣的努力日積月累之後，一定會獲得顯著的成果與自我成長。

LECTURE

98 樂在失敗

被稱為TOYOTA中興之祖的豐田英二說，「失敗是你的學費」，也奉勸後輩要把失敗記錄下來。

指導師高木新治在三班制部門擔任組長時，也指示部下「交接文件上不要只記錄做得好的事情，也要寫下失敗的事項」。

「做相同工作的其他兩組，在交接文件上主要會留下做得好的成果；不過，我的小組則會特意挑戰較為困難的焊接工作並記錄下來。

失敗分為因失誤造成的單純失敗，以及挑戰困難未果的失敗等兩種。我們的小組也會積極留下後者的失敗紀錄。

目的也是為了與其他小組共享資訊，不過挑戰未果的失敗會提高部下的技能，將會是部下們重要的資產。我把重心放在提高部下的焊接技術，而不只是眼前的成果，所以我們不以失敗為恥，而是把失敗視為成長的紀錄。」

V失敗是「帥氣」的表現

高木說：「工作動力取決於『是否有趣？是否開心？是否帥氣？』」

辦不到的事情辦到了，或是其他人避之唯恐不及的困難工作做出成果等，都讓人感到開心、有趣。就算尚未獲得成果，挑戰這些工作的態度也是很帥氣的。

人都不喜歡失敗，無論如何都不想接觸困難、陌生的工作，而想做擅長、簡單的工作。但若是如此，就難以從中找到工作動力。

在工作上獲得成果的人會積極從失敗中學習，使之成為快樂、成長的來源。

說著「因為我不想失敗」而不付諸行動，沒有比這還難看的事了。雖然挑戰失敗，但一定有人會在一旁守護著你。請以樂在失敗的心態，積極挑戰困難的工作吧。

結語

OJT Solutions的所有指導師們，以TOYOTA製造現場的四十年經歷所累積的現場知識與經驗為基礎，為企業客戶提供指導與改善的諮詢。

企業客戶的現場員工中，有人認為「這個指導到底有什麼意義」、「無法認同目的，所以不想採用這種做法」，因而採取排斥、不合作的態度。通常大家都認為，把這種人排除在外改善才會順利進行。不過，大部分指導師都會特別把這種人納入專案當中。

為什麼呢？因為這類型的人無論好壞，內心都擁有一定的信念，平常就有思考習慣。也因此，這種人一旦成為同伴，團隊就會產生百倍的力量。他們會想出很多點子，也會發揮領導能力，不斷地成長。

另一方面，也有人會照著指導師的指示行動，老實地說「好」、「我知道了」。這在進行專案時是非常輕鬆沒錯，不過這類型的人內心沒有特定的信念，也不會動腦思考，所以成長趨於緩慢。

各位是哪種類型的人呢？

如果只是聽命行事，機器人也辦得到。未來，如果人類的工作都被電腦或機器人取代，老實照著公司或主管吩咐做事的人將會失去在職場上活躍的機會。

許多指導師都證實，TOYOTA的許多員工都對主管抱持疑問：「為什麼非得這麼做不可？」而主管也會認真面對。保持著「為什麼？」的存疑態度工作的人能以自己的頭腦思考，下功夫發展自己的做法，因而產生工作的附加價值。因此，當有機會高升時，也能以一個眼界更寬、觀點更多元的領導者的角色活躍在職場上。

確實完成被指派的工作很重要，不過也要經常以「為什麼？」的存疑態度投入工作。這樣工作會更輕鬆，也會獲得期盼的成果。

如果讀者能透過本書培養「為什麼？」精神，當是我們無上的榮幸。

OJT Solutions 股份有限公司

TOYOTA 職場教戰手冊
改變職場眾生的最強工作術

原著名＊トヨタ仕事の基本大全

作　　者＊OJT Solutions 股份有限公司
譯　　者＊陳美瑛

2017 年1 月 25 日　初版第 1 刷發行

發 行 人＊成田聖
總 編 輯＊呂慧君
主　　編＊李維莉
文字編輯＊林毓珊
資深設計指導＊黃珮君
美術設計＊陳晞叡
封面設計＊高偉哲
印　　務＊李明修（主任）、張加恩、黎宇凡、潘尚琪

發 行 所＊台灣角川股份有限公司
地　　址＊105 台北市光復北路 11 巷 44 號 5 樓
電　　話＊（02）2747-2433
傳　　真＊（02）2747-2558
網　　址＊http://www.kadokawa.com.tw
劃撥帳戶＊台灣角川股份有限公司
劃撥帳號＊19487412
製　　版＊尚騰印刷事業有限公司
I S B N＊978-986-473-462-7

國家圖書館出版品預行編目資料

TOYOTA 職場教戰手冊：改變職場眾生的最強工作術 / OJT Solutions 股份有限公司作；陳美瑛譯. -- 一版. -- 臺北市：臺灣角川, 2017.01
面；　公分. --（職場.學；7）
譯自：トヨタ仕事の基本大全
ISBN 978-986-473-462-7(平裝)

1. 職場成功法

494.35　　105022545

香港代理
香港角川有限公司
地　　址＊香港新界葵涌興芳路 223 號新都會廣場第 2 座 17 樓 1701-02A 室
電　　話＊（852）3653-2888

法律顧問＊寰瀛法律事務所